KAMPAGNER

Andre bøger på dansk af samme forfatter:

- *Moderne elementær logik* (forfattet med Stig Andur Pedersen)
  København: Forlaget Høst & Søn, 2002, 2011

- *Tal en tanke* (forfattet med Frederik Stjernfelt)
  Frederiksberg: Forlaget Samfundslitteratur, 2007

- *Et spadestik dybere* (redigeret med Steen W. Pedersen)
  København / London / New York: Automatic Press / VIP, 2008

- *Vincent vender virkeligheden: 30,1 klummer med filosofi på tværs*
  København / London / New York: Automatic Press / VIP, 2009

- *Fortsat: Flere klummer og kladder*
  København / London / New York: Automatic Press / VIP, 2011

- *Oplysningens blinde vinkler* (forfattet med Pelle G. Hansen)
  Frederiksberg: Forlaget Samfundslitteratur, 2011

- *NEDTUR! Finanskrisen forstået filosofisk* (forfattet med Jan Lundorff)
  København: Gyldendal Business, 2012

Andre bøger på engelsk af samme forfatter:

- *The Convergence of Scientific Knowledge*
  Dordrecht: Springer, 2001

- *Feisty Fragments for Philosophy*
  London: King's College Publications, 2004

- *Logical Lyrics: From Philosophy to Poetics*
  London: King's College Publications, 2005

- *500 CC: Computer Citations*
  London: King's College Publications, 2005

- *Thought$_2$Talk: A Crash Course in Reflection and Expression*
  København / London / New York: Automatic Press / VIP, 2006

- *Mainstream and Formal Epistemology*
  New York: Cambridge University Press, 2007

- *Infostorms* (co-authored with Pelle G. Hansen)
  New York: Copernicus Books, 2013

Til min viv
Henriette Divert-Hendricks

· 3 ·

? Offentligt signal
@ Valg = 0 / 1

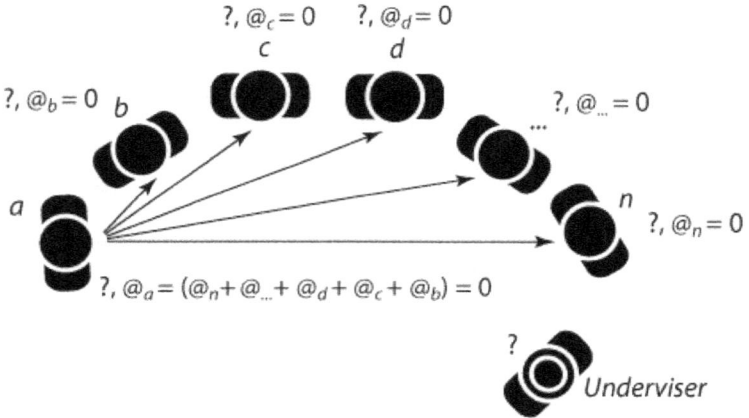

$?, @_c = 0$

c

$?, @_d = 0$

d

$?, @_b = 0$ b

$?, @_{...} = 0$

a

n

$?, @_n = 0$

$?, @_a = (@_n + @_{...} + @_d + @_c + @_b) = 0$

?

Underviser

KAMPAGNER
klummer og kampråb

Vincent F. Hendricks

Automatic Press / VIP

Kampagner: klummer og kampråb
© 2013 Vincent F. Hendricks, Automatic Press / VIP
Portrætfoto: Jacob Nielsen
Foto: Vincent F. Hendricks
Kopiering fra denne bog må kunne finde sted på institutioner, der
har indgået aftale med Copy-Dan, og kun inden for de i aftalen
nævnte rammer. Undtaget er dog korte uddrag i forbindelse med
anmeldelse.
Bogen er sat med Calibri
Printed in Great Britain 2013
ISBN-13 978-87-92130-41-9

Indhold

Forord

Havde man for et kvart århundrede siden, da jeg påbegyndte at læse filosofi, spurgt mig om jeg nogensinde ville kunne finde nævneværdig interesse for demokrati og demokratistudier, havde jeg det med sikkerhed forsvoret. Ikke fordi demokratistudier er uinteressant, selvom påhængsdisciplinerne etik og politisk filosofi, som de normalt doceres fra akademiske højder, er uinteressante og uvedkommende, men fordi demokratistudier er svært. Min levevej i logik og formelle metoder bliver til sammenligning som at klø sig et sted for solen kun meget sjældent skinner.

Homo sapiens er den eneste art på kloden, der har valgt at installere et demokrati og leve efter demokratiske forordninger. Travlt har vi som mennesker altid haft med at adskille os fra flora og fauna i øvrigt, og som oftest er valgt faldet på vores intelligens som den primære forskel mellem os og de andre primater og palmetræer. Historien viser uden tvetydighed, at det ofte har været så som så med den menneskelige begavelse i mange forskelligartede anliggender. Forvaltning af intelligensen er ikke sket med den største begavelse, og vi har mere end nogen anden art generet, undervurderet, chikaneret, ruineret, skalperet, sanktioneret, reguleret, torteret, kastreret og barberet os selv og hverandre med henvisning til den enes begavelse over den andens.

Som art er vi ca. 200.000 år gamle, og med de adfærdsmæssige karakteristika, der kendetegner os i dag, har vi omkring 50.000 år på bagen. Til sammenligning er jorden i omegnen af 4.5 milliarder år gammel, så vores entré er fra sidste år. Og med os kom så i går den fikse idé om et demokrati, der idehistorisk kun kan tilbagedateres et par tusind år. Demokratiets første form fra det antikke Grækenland var nærmere et oligarki, med en slags herskende oplyst klasse, ifølge Platon bestående af filosoffer sjovt nok, der kunne afgive stemme efter visse demokratiske principper. De demokratiske principper vi skriver under på i dag er fra Oplysningstiden, så i lyset af både artens og verdens alder, er underskriften sat inden for den seneste times tid.

Menneskehedens erfaringshorisont med demokratiet er betragtelig begrænset, og vi har meget mere erfaring med styreformer som vi i dag ønsker hen hvor græsset ikke gror herunder monarkier, oligarkier, timokratier og tilsvarende top-down konstruktioner ofte suppleret med mellemsvær magtanvendelse og undertrykkelse.

Et demokrati er ikke karakteriseret derved, at borgere hver især har en stemme, men, at hver har en *oplyst* stemme, jfr. oplysningstanken. Og det er noget ganske andet. Et oplyst og robust demokrati kræver information. Nu begynder logikken at kunne bide på problemet, for demokratistudier kan så pludselig forstås i lyset af informations-processering. Det giver arbejde til den formelle filosofi. Derfor har store dele af klummerne, kronikerne og andre kommuniké et indhold, der viser hvordan man kan oplyse med information, men ligeledes hvordan man desværre kan manipulere med mennesker, meninger og markeder i informationssamfundet.

Demokratier kræver først installation, dernæst vedligeholdelse, men også udvikling. At leve efter demokratiske forordninger er et valgt vi kollektivt har foretaget som mennesker, og ikke en samfundsorden som naturen har foreskrevet og dernæst påduttet os i et anfald af omsorg for menneskeheden. Vi har tendens til at glemme, at vores demokrati ikke er en selvfølge og passer sig selv; det er skrøbeligt, og i særdeleshed skrøbeligt når forkerte beslutninger foretages som resultat af fejlagtig information.

Kampagner er, for størstedelens vedkommende, en informations-kampagne.

Vincent F. Hendricks
København, februar 2013

1. 10 tumpede fra regeringens top i 2010

Her er 2010-statusrapporten over hvor godt medlemmerne af magtens top – ministrene – har klaret sig *logisk og argumentationsteoretisk*. I opregningen fra 1-10 går udviklingen fra slem mod værst. Tendensen er desværre, at jo mere magt en minister har, jo mere tumpet bliver der argumenteret.

1. **Gitte Lillelund Bech.** JydskeVestkysten bemærkede d. 16/3, at den nystartede forsvarsminister ikke havde seneste bulletiner. I et svar til Berlingske blev det afsløret, hvordan ministeren ikke vidste, at Tønder kaserne for længst var lukket, og således ville hun heller ikke udstede en garanti for dens bevarelse! En ny minister skal ikke have sat sig ind i alt, men når man selv har været med i beslutningen om at lukke kasernen kan det undre.

2. **Karen Ellemann.** Som nytiltrådt liberal socialminister ved kalenderårets start forsøgte Karen Ellemann sig med at forbyde forældre selv at smøre madpakker til deres institutionsbørn, selvom ordningen var frivillig: Forældre, der ikke havde til sinds at underlægge sig madordningen kunne så blot holde deres børn hjemme, og, fortsætter hun, d. 12/1 på TV2:

> "Jeg synes, det er en god idé, at børn skal have mad som en del af kerneydelsen i daginstitutionen, og det har jeg tænkt mig at holde fast i".

Det standpunkt ændrede hun d. 13/1. Så var der vindmøllerne i Østerild og nu er Kemiske Karen kommet, men lad hende ligge.

2. **Troels Lund Poulsen.** Til BT d. 12/7 netop som Lund Poulsen har overtaget skatteministertaburetten forklarer han:

> "Der ligger guld på gaden og venter på at blive samlet op. Hvis vi skal have et stærkt velfærdssamfund, må alle – rig som fattig – betale."

Med den selvmodsigende indsigt er det ikke et under, at Kristian Jensen måtte gå over til Vild-med-Dans.

3. **Inger Støjberg**. I Information d. 13/2 under overskriften "Jeg er helt ligeglad med, hvad folk vælger – bare de vælger i frihed" forklarer beskæftigelsesministeren:

> "Jeg kommer ud af en selvstændighedskultur, kan man sige. Jeg har altid haft helt frie rammer, og det betyder også, at det aldrig har været et spørgsmål for mig, hvor jeg stod politisk. Jeg har grundlæggende altid været Venstre."

Hvorfor stemmer alle så ikke Venstre, nu hvor man er ligeglad med hvad folk vælger, "bare de vælger i frihed"? Vælger man i frihed er man åbenbart determineret til Venstre som Støjberg forkynder. Determinisme er ikke frihed.

4. **Bertel Haarder**. I Berlingske d. 13/10 insisterer Haarder på, at rigsrevisor Otbo selv udformede et notat til statsrevisorerne, der bekræfter, at han (Otbo) ikke havde udbedt sig den omstridte rapport. Sundhedsminister Haarder ræsonnerer:

> "I sammenfatningen i hans brev skriver han, at "havde jeg været vidende om rapporten i beretningsforløbet, ville jeg have insisteret på at få den udleveret." Med de ord har han jo bekræftet, at han ikke bad om det."

Tilsvarende, hvis Skat havde vidst, at der var dokumentation for, at Karl Klump lavede sort arbejde for Søren Smut, så ville de udbede sig dokumentationen. Da Skat ikke har udbedt sig dokumentationen bekræfter Skat hermed, at Karl Klump ikke laver sort arbejde for Søren Smut! Blændende ræsonnement.

6. **Tina Nedergaard**. Ved fremlæggelsen af PISA-undersøgelsen d. 7/12 skulle undervisningsministeren redegøre for, hvorledes fagligheden i folkeskolen sikres, nu hvor kommunerne samtidig skulle have mulighed for at etablere skoleklasser, der overstiger det nuværende elevloft på 28. Regnestykket lyder:

"Hvis man sidder 15 elever i en klasse og 16 i klassen ved siden af. Så er der faktisk to lærere til rådighed for de i alt 33 elever, der så må være."

7. **Birthe Rønn Hornbech**. D. 22/4 går integrationsministeren på Folketingets talerstol og siger:

> "Jah, øh, uden at starte med at være polemisk mod dem, der taler om høringsfrister, demokrati og ytringsfrihed, men bare føle mig inspireret, fordi de 2 ting har selvfølgelig ikke noget med hinanden at gøre".

Det er ikke tre ting, der ikke har noget med hinanden at gøre, kun to. Frit kan man vælge om det er høringsfrister og ytringsfrihed, der ikke hører sammen, eller høringsfrister og demokrati, eller demokrati og ytringsfrihed, som ikke har noget med hinanden at gøre.

8. **Henrik Høegh**. D. 23/2 rapporterer EkstraBladet, at Høegh hverken er bange for tilsætningsstoffer eller parfume i maden; det må forbrugerne selv være opmærksomme på og fortsætter:

> "Det er vigtigt at være bevidst forbruger og ikke bevidstløs forbruger. Madsminke og tilsætningsstoffer er jo typisk i de meget billige produkter, som netop er billige, fordi de i bund og grund består af rester."

Det var før fødevarerministeren blev reklamesøjle for SuperBest – en bedrift han inkasserede en mellemsvær næse for uddelt af statsministeren. Mere om ham senere.

9. **Lene Espersen**. Under "Mailgate", Politiken, d. 30/9, forsvarede Espersen sin letsindige omgang med sandheden:

> "Hvis du går ned og lytter til, hvordan debatten er i Folketingssalen, så vil du opleve, at politikerne i forbavsende høj grad ikke svarer på det, de bliver spurgt om".

Når de andre politikere ikke besvarer de spørgsmål de får stillet, så kan man ikke forvente, at ministeren besvarer de spørgsmål hun får. Og når alle andre gør noget åndssvagt, så er det både berettiget og acceptabelt at man selv gøre det – også når man er minister og det bliver ulovligt.

10. **Lars Løkke Rasmussen.** I Folketinget d. 26/6 forklarer Løkke Rasmussen regeringens skattepolitik:

> "Så har vi altså valgt at lave et system, hvor man skal aflevere lidt mindre end man gjorde før. Det er det vi har valgt, og det fører selvfølgelig til at, øhhh, dem, der tjener mere og afleverer meget og nu afleverer lidt mindre, ja, de afleverer så mere mindre end dem der tjener lidt mindre og afleverer mindre, men altså så afleverer mindre mindre ..."

ingen forklaring påkrævet - den skulle være klar for enhver. Her er tale om en statsminister, et statsoverhoved, en vært, der ved COP15 sidste år ved denne tid, på engelsk bekendtgør "I know, I'm banging the table" og senere fortsætter til FN-forsamlingen "... I'm not familiar with the regulations in this system ...". En forklaring / oversættelse af Løkke Rasmussens ubehjælpsomme skoleengelsk er på sin plads: "Jeg ved godt, at jeg knepper bordet" og selvom jeg er mødeleder her ved FN-topmødet, så "... er jeg ikke fortrolig med reglerne i dette system"! Senest d. 15/12 2010 er statsministeren angiveligt i færd med at "bide sig selv i tungen", da han ikke kan dokumentere en påstand om, at S-ministre betalte sig fra ventelister på hospitaler. Så er det godt, at andre ministre og embedsværket kan dokumentere påstanden om, at han selv har betalt sig fra det. Suk!

Politiken, 22. december, 2010

2. Hvis du ikke kan sove

Fra tid til anden kan min søn Milton på 10 år ikke falde i søvn om aftenen og ind til for nylig kunne søvnløsheden udløse næsten eksistentielle kriser. Så skete der noget: En aften i ulvetimen forsikrede jeg Milton om, da han på pudevåren lå, at

(1) "Hvis du blot tænker på noget andet – som for eksempel, hvordan du skal klare den næste bane i Halo til Xbox 360 – end, at du ikke kan sove, så skal du nok falde i søvn."

Ganske rigtigt, inden længe faldt Milton i søvn. Næste morgen vågner Milton glad og frejdig og mens han triumferende lader sit kurfyrstelige kommer det fra badeværelset. "Far, jeg skal lige spørge dig om noget", til hvilket jeg pligtskyldigt svarer: "Spørg væk min dreng":

(2) *"Hvis det nu havde været tilfældet,* at jeg ikke kunne tænke på noget andet – som for eksempel, hvordan jeg skulle klare den næste bane i Halo til Xbox 360 – end, at jeg ikke kunne sove, var jeg så faldet i søvn?"

Udsagn (2) er noget værre end udsagn (1), for (1) kundgør blot, at det at tænke på noget andet udgør en tilstrækkelig betingelse for at falde i søvn. Udsagn (1) vil således være sandt i alle situationer lige bortset fra den, hvor Milton faktisk tænker på noget andet, men det ikke resulterer i, at han falder i søvn. Sådan forholder det sig ikke med udsagn (2), der hidrører den hypotetiske, eller *kontrafaktiske,* situation i hvilken Milton ikke kan tænke på noget andet og hvad heraf følger om hans evne til at falde i søvn.

Udsagn (2) er et eksempel på et *kontrafaktisk konditionale* og sandhedsbetingelserne for sådanne udsagn er indgående studeret i sprogfilosofi og formel logik. Kontrafaktiske konditionaler er blot blandt mange eksempler på menneskets evne til at ræsonnere på hypotetiske antagelser, hvilket er noget vi gør ligeligt i videnskaben og hverdagen.

På trods af, at kontrafaktiske konditionaler anvendes hele tiden i den almindelig retoriske (og ikke retoriske) praksis, er deres semantiske opførsel desværre ikke lettere at fastlægge, men her følger den vanlige fortolkning af sådanne udsagns sandhedsbetingelser. Et kontrafaktisk konditionale, symboliseret ved

$$A \Rightarrow B,$$

for vilkårlige udsagn A og B er sandt i den aktuelle situation (her og nu), hvis og kun hvis, i alle de situationer, hvori A er sand, som er 'tættest' på den aktuelle situation, er B også sand. Eller mere præcist: For tre situationer, w, w', w'', hvis w' er tættere på w end w'', så er $A \Rightarrow B$ sand i w, hvis og kun hvis

1. A ikke er sand i nogen situation, eller
2. der eksisterer en situation w' i hvilken A og B er sande, som er tættere på w end nogen situation w'' i hvilken A er sand, men B er falsk (se figur)

	w	w'	w''
1.	A	A	A
	f	f	f
2.		A	A
		s	s
		B	B
		s	f

Betragt atter udsagn (2): Den *tættest* mulige situation w' på den aktuelle situation w er stadig en situation, der, alt andet lige, er identisk med den aktuelle situation w, bortset fra, at Milton ikke kan tænke på noget andet i w'. Så hvis Milton i w' kun kan tænke på, at han ikke kan falde i søvn og således heller ikke kan falde i søvn, og der ikke findes en situation w'', der ligner w mere end w' ligner w, i hvilken han ikke kan tænke på noget andet, men alligevel godt kan falde i søvn, så er udsagn (2) sandt.

Om en sådan *w"*-situation findes er problemets kerne. Det bønnede vi så frem og tilbage om en del den formiddag ind til vi besluttede os for at droppe det og spille Halo til Xbox i stedet.

Og hvis du en dag ikke kan sove, læg dig på puden og gennemgå ræsonnementet ovenfor, så skal du nok falde i søvn.

Ingeniøren, 28. januar, 2011

3. Ingen gør noget!

Hvis man endelig skal falde og slå sig svært og har brug for hjælp, hvor skal man så gøre det henne? På en stille villavej i Tarm, hvor der nærmest er menneskesetomt, eller på Rådhuspladsen, hvor tusinder passerer forbi dagligt? Det er bedst i Tarm pga. den såkaldte bystander-effekt.

Bystander-effekten refererer til det fænomen, at jo flere individer, der er samlet et sted, jo mindre er sandsynligheden for, at folk vil komme en person i nød til undsætning. Når nødsituationen opstår, er det mere sandsynligt, at man griber til undsættende handling, hvis der er færre eller slet ingen andre vidner til en ulykke.

De fleste mennesker, der hører om bystander-effekten har som regel svært ved helt at tro på det. Men i en række klassiske forsøg fandt forskerne Bibb Latane og John Darley (1969) imidlertid, at tiden det tager for forsøgsdeltagere at reagere og søge hjælp afhænger af mængden af personer til stede i et lokale. I et af forsøgene blev forsøgspersoner placeret i følgende scenarier:

     1. alene i lokalet,

     2. med to andre forsøgsdeltagere, eller

     3. med to "medsammensvorne", der udgav sig for at være almindelige forsøgsdeltagere.

I hvert af disse scenarier blev forsøgspersonerne sat til at besvare et spørgeskema. Mens forsøgspersonerne nu sad dér med næsen i skemaet begyndte røg at fylde lokalet. Spørgsmålet var så, om forsøgspersonerne ville reagere på dette alt efter hvilket scenarium de befandt sig i. Resultatet var, at når deltagerne var alene rapporterede 75% af dem røgudslippet til Latane og Darley, mens kun 38% af dem gjorde opmærksom på røgen, hvis der var to andre forsøgsdeltagere til stede. Mest bekymrende er dog, at i det sidste scenarium, hvor de to medsammensvorne var til stede, noterede sig røgen for herefter at ignorere den. Resultatet blev, at *kun* 10% af forsøgsdeltagerne gjorde opmærksom på det røgfyldte lokale, i hvilket de selv sad!

En væsentlig faktor i bystander-effekten er, at tilstedeværelsen af andre mennesker tilsyneladende giver anledning ansvarsforvirring. Når der er andre personer i situationen er den enkelte ikke så presset til at skride til handling. Handlingsansvaret antages at være ligeligt distribueret blandt de tilstedeværende.

Det kunne nu tænkes, at når man indser, at andre ikke agererer på deres ansvar, så falder hele ansvaret tilbage på en selv. Men hvis en situation ydermere er *flertydig* – altså om personen nu faldt og vitterlig har brug for hjælp, eller selv kan klare ærterne – så kan observationen af andres manglende handlinger på Rådhuspladsen lede én til at tro, at der slet ingen grund er til at tage ansvar. Med andre ord, så er det situationens flertydighed koblet med ansvarsforvirring og pluralistisk ignorance (se klummen "Masser af uvidenhed") på Rådhuspladsen, der kan lede til bystander-effekten: Når andre ikke reagerer, tager den enkelte denne information som et tegn på, at en reaktion enten ikke er påkrævet eller socialt afkrævet. Den ironiske pointe er derfor; *i sidste ende er der ingen der gør noget, præcis fordi ingen gør noget.*

Men det sker ikke hvis du er den eneste, der ser en anden falde på en stille villavej i Tarm. Dér vil du enten ile hjælpende til, for der er ingen andre som gør det, fordi der netop ikke er andre, eller du kan imitere (eller i sympati) og falde om sammen med vedkommende, så I begge kan ligge dér på skjoldet. Det sidste hjælper imidlertid fedt for så er der slet ingen, der kan gøre noget.

Ingeniøren, 25. februar, 2011

4. Tryg ved almindelig brand?

Forsikringsbranchen tjener penge på mangt og meget – at man overforsikrer sig, at man ikke gider ulejlige sig med at udfylde formularen, da man kom til at påkøre et hængebugsvin i sommerferien og fik en bule i kølergrillen etc. Men forsikringsbranchen tjener også gode penge på information – eller nærmere, på måden hvorpå information kan *præsenteres* for beslutningstagere: Ét og samme beslutningsproblem kan eksempelvis præsenteres på mere end én måde. Det kan give anledning til de såkaldte rammeeffekter, hvor "logisk ækvivalente (men ikke *gennemsigtigt* ækvivalente) formuleringer af et problem leder beslutningstagere til at vælge forskellige muligheder" som det hedder sig hos økonomen og adfærdsforskeren Matthew Rabin.

Folk kan eksempelvis støtte et politisk-økonomisk tiltag, der resulterer i, at 90% af arbejdsstyrken er beskæftiget, men samtidig afvise selv samme foranstaltning, når der annonceres en 10% arbejdsløshed. Rammeeffekter viser sig også, hvor der skal vælges mellem risikable alternativer, for

1. så tenderer mennesker mod at foretrække *risiko-forringende* alternativer når udfaldene indrammes i, hvad der kan opnås (eksempelvis at redde liv eller tjene penge), men

2. skifter til *risiko-søgende* alternativer, præcis når de samme udfald indrammes i hvad man kan miste (eksempelvis at dø eller miste penge).

At udbyde forskellige porteføljer af risiko-forringende foranstaltninger, der alle koster knapper, er noget som forsikringsselskaber har gjort til en lukrativ forretning. Rammeeffekter er nemlig nært forbundne med hvor *sikker* eller *"pseudo-sikker"* man føler sig med hensyn til de alternativer, der nu engang skal vælges imellem. Den grundlæggende devise er:

En sikker fortjeneste foretrækkes frem for en sandsynlig fortjeneste, mens et sandsynligt tab foretrækkes over et afgjort tab.

Præcis dette fænomen er noget som forsikringsselskaber kan finde på at spekulere i, når der udformes policer. En police, der eksempelvis dækker ved brand, men ikke ved oversvømmelse kan enten læses som fuld beskyttelse mod en bestemt risiko, brand, eller som en reduktion af den generelle risiko for ejendoms -beskadigelse eller -destruktion. Forsikringer lader til, ikke overraskende, at fremstå mere attraktive for forsikringstageren, når de præsenteres som eliminering af risiko end når de fremlægges som reduktion af risiko. Da der ikke findes beskyttende foranstaltninger eller handlinger, der kan dække alle de risici mennesker udsættes, eller udsætter sig selv, for, er forsikringsfaget baseret på sandsynligheder.

Denne fundamentale sandsynlighedsnatur skjules af velvalgte formuleringer i alenlange forsikringspolicer og smarte reklamekampagner, der understreger den fuldstændige beskyttelse mod klart identificerede skader og vederstyggeligheder. Følelsen af sikkerhed eller tryghed som sådanne formuleringer indgyder, er jævnt hen illusioner frembragt ved rammeeffekter. Noget taler for, at man køber forsikringer, ikke alene som beskyttelse mod risiko, men lige så meget for ikke at skulle bekymre sig og således føle sig tryg. Problemet er blot, at man kan manipulere med bekymringen og trygheden igennem måden hvorpå informationen om den eventuelle risiko præsenteres. Givet rammeeffektfænomenet kan det således blive svært at være tryg ved almindelig brand.

Ingeniøren, 25. marts, 2011

5. Almindelig innovation

"Med visionen om Danmark som vidensnation i en globalisereset verden og med tømmermændene efter finanskrisen, skal der fokuseres på innovation, initiativ og virkelyst så Danmark kan være med helt fremme når det gælder ... blah, blah, blah." Det kunne være indledningen på talen til enhver messeåbning, prisoverrækkelse eller konference med begrebet "innovation" centralt placeret i overskriften. Innovation er blevet en betegnelse, der ligeligt anvendes af erhvervslivet, akademia, staten og andre interesseorganisationer, private og offentlige, som det *nye* omdrejningspunkt for vækstlag og dansk vækst i det hele taget. Hvad er der nyt i det?

Innovation stammer fra det latinske innovatio (genitiv -onis), der betyder "fornyelse", af novus "ny" og i følge *Den Danske Ordbog* betyder innovation "skabelse eller indførelse af noget, der ændrer den etablerede metode eller opfattelse, fx af teknisk eller videnskabelig art". Innovation betyder således hverken opfindelsen af den eletriske pære, den dybe tallerken, kummefryseren, slumretæppet, 9-volts-batteriet eller andre originaliteter, men kan mere mådeholdent og mindre ambitiøst blot referere til en ændring eller fornyelse af praksis, produktionsform, tænkemåde eller attituder over for noget eller nogen. Idéen med innovation er ikke at formulere foreskrifter for hvorledes man systematisk udklækker Nobelpristagere i litteratur, fysik, medicin og øknomi – selvom en sådan algoritme selvsagt ville være pragtfuld at have ved hånde – men kan blot bestå i at kombinere to (eller flere) med hinanden velkendte ting på en måde, der ikke er set eller afprøvet før. At lave forsøg med græshoppehjerner i stedet for rotteditto i de tidlige testfaser af ny medicin er betydeligt billigere og angiveligt ligeså pålideligt som de kostbare dyreforsøg hvilket en dansk biokemiker i tv-udsendelsen *Gal eller genial* fornyligt har argumenteret for. Tilsvarende har en stor dansk medicinalvirksomhed udviklet et hjerteplaster, der strengt taget består af en mikrofon, et stykke Gaffatape og en stump programkode (godt nok en kompliceret stump), som kan opfange små mislyde i arterierne og således være medvirkende til at diagnosticere blodpropper nærmest før de indfinder sig. Der er ikke noget nyt i græshopper, mikrofoner, stærk tape og programstumper, men en doseret kombination af dem kan være ny – og det kan være alt rigeligt til en robust og effektiv innovation.

Selvom iværksættere og innovatorer uden tvivl er godt begavede, så gælder det for dem, som det gælder for alle os andre, at det ville være en statistisk usandsynlighed, at alle med en god idé skulle ligge helt ude i halen af normalfordelingen i tildelingen af begavelse eller intelligens. For den betragtning er innovation for os alle, og innovation er ikke nødvendigvis nyt, men kan være gammelt og velkendt ... på en ny måde. Hvad skal man så indføre eller skabe, der ændrer? Som den noget uligevægtige psykiater Hannibal Lector, aka Hannibal the Cannibal siger i filmen *Silence of the Lambs*: "We begin by coveting what we see every day" ("Vi starter med at efterstræbe det vi ser hver dag"), så er stedet at starte innovationen i hverdagen; i renovationen, i transporten, i forbruget, i dagligvareindkøbet. Det er der ikke noget nyt i, men der kan godt komme noget helt nyt ud af almindelig innovation.

Ingeniøren, 29. april, 2011

6. Kør med klatten

Onsdag d. 25. maj havde Aarhus Universitet kaldt til samling under titlen: *Vinder vi kapløbet? Debatmøde om universiteternes rolle i globalt perspektiv.* I manchetten hedder det: "Den internationale konkurrence om at tiltrække de klogeste hoveder er blevet skærpet [...]. Der er tale om et paradigmeskift, som giver anledning til at overveje, hvad der egentlig menes med at skabe universiteter i verdensklasse, og hvad der skal til for at kunne kalde sig et verdensklasse-universitet."

Blandt de inviterede var en række af landets universitetsrektorer, dekaner, professorer, repræsentanter for dansk erhvervsliv, samt talere fra ind- og udland, herunder dagens klummeskribent. Her er hvad jeg leverede på de afsatte 15 min.

Som professor på både KU og på Columbia University i NYC har man det privilegium at betragte begge universitetssystemer simultant. IVY-league-universiteterne Columbia, Harvard, Princeton, Yale ... er i den verdensklasse som danske universiteter antageligvis aspirerer til. Inden finanskrisen havde Harvard en egenkapital på 16 milliarder USD, Stanford nummer to med ca. 4 milliarder USD. Selvom krisen har barberet formuen er der stadig summer på kistebunden. Columbia University har ikke helt den slags egenkapital, men er til gengæld en af NYCs store jordbesiddere. Main campus ligger på 116. gade mellem B'way og Amsterdam Ave og Columbia "country" er stort set arealet mellem ca. 110. gade og 143. gade fra Hudson River til Harlem! Columbia University ejer nærmest Upper West Side af Manhattan og det er blandt andet her, sammen med andre indtægtskilder, pengene tjenes til forskning og uddannelse i verdensklasse.

En lignende markedsfundamentalisme har man adopteret i DK, dog med den forskel, at det er staten, der sætter prisen og betingelserne for det "frie" universitetsmarked, hvor universiteterne skal ligge i intern konkurrence om både statens og private midler. Hvert enkelt dansk universitet forsøger naturligt nok at nyttemaksimere for sig *selv* og det kan for en klassisk homo economicus være rationelt nok. Men lokal konkurrence implicerer ikke nødvendigvis international ditto. Værre endnu, universiteterne kan blive ofre i fangernes dilemma, der demonstrerer, at det kan give et lavere nettoresultat for de enkelte spillere hvis de hver især forsøger at maksimere egenudbytte end hvis de valgte at samarbejde. Danske universiteter har ikke egenkapital som Harvard eller jordbesiddelser som Columbia, så er der ikke mulighed for samme egennyttemaksimering og verdensklasseplacering på forskning og uddannelse individuelt, kun *kollektivt*. Samarbejde er påkrævet, men det tillader den nuværende version af den "frie" markedsfundamentalisme i DK ikke.

Hvordan kommer man ud af fangernes dilemma? Det er som med hundelort og hundeejere: To muligheder, "lade ligge" eller "samle op". Hvis alle andre "samler op", hvorfor skulle jeg så gøre det, for én varm klat gør hverken fra eller til? Omvendt, hvis alle andre "lader ligge" og jeg samler op, er det ligeledes en dråbe i eskrementhavet. Derfor, selvom ingen bryder sig om efterladenskaber på gaden, kan den enkelte lige så godt fortsætte med at "lade ligge"; eller universiteterne kan lige så godt fortsætte med at forsøge at egenmaksimere lokalt selvom alle godt kan se, at det kommer man ikke i verdensklasse af. Vejen ud af fangernes dilemma er universitetskoordineret samarbejde for at køre med klatten nationalt og internationalt.

Ingeniøren, 27. maj, 2011

7. Wind i Einstein

I *The World As I See It* fra 1949 skriver Albert Einstein:

> "Jeg tilslutter mig demokratiet selvom jeg godt er bekendt
> med svaghederne ved den demokratiske styreform. Social
> lighed og økonomisk beskyttelse af den enkelte har for mig
> altid stået som vigtige samfundsmæssige mål for staten.
> Selvom jeg er enspænder i mit daglige virke, så har min
> bevidsthed om at tilhøre et usynligt fællesskab af dem, der
> stræber efter sandhed, skønhed og retfærdighed afholdt
> mig fra at føle mig isoleret."

Mindst én minister og én fremtrædende politiker forsøger i disse dage at udelukke en videnskabskvinde fra Einsteins usynlige fællesskab med henvisning til, at hun ikke længere udtaler sig som "ekspert" og er vidensværdi, men løber med en halv vind i følge Søren Pind, og burde melde sig ind i et politisk parti i følge Pia Kjærsgaard. Det ansporer det generelle spørgsmål om lærde folk og eksperter, herunder professor Marlene Wind fra KU, har hjemmel og lov til at udtale sig om politik i samme åndedrag som hun konsulteres på sin viden og agerer vidensformidler.

Videnskab består af dataindsamling, af databehandling men ligeledes af datavurdering. Og hvis disse tre foranlediger en i øvrigt videnskabskyndig til at kalde en konklusion, beslutning eller handling stupid, så bliver den ikke mere eller mindre stupid af at have politisk indhold eller konsekvenser – "stupid is, what stupid does" direkte fra Forrest Gump. Marlene Wind har hjemmel til at udtale sig.

Pia Kjærsgaard udtaler i Deadline d. 14. juni, at en "skatteyderbetalt" stilling som professor ved KU, som den Wind bestrider, afskærer hende fra at bruge ord som "valgflæsk", "svinehund" eller for den sags skyld "stupid" i beskrivelsen af beslutningen om genindførelsen af grænse-kontrol. Ræsonnementet lyder: Siden staten betaler professorens løn, så er der begrænsninger på hvad en sådan professor kan sige qua professor og offentligt ansat. Omvendt, hvis professorer udtaler sig som "kommentatorer" eller "politikere", så kan de sige hvad de vil, men så er de ikke længere eksperter i følge Kjærsgaard ... selvom de selvfølgelig stadig er professorer [sic!]...., "men man kan undre sig over, at Københavns Universitet kan have tillid til sådan en person" som Kjærsgaard siger d. 13. juni.

Værre end Wind er for denne betragtning Einstein, der udtalte sig om demokratiets grundvilkår selvom han var teoretisk fysiker og således ikke engang var "ekspert" på området. Det er imidlertid svært at bedømme om Einstein udtalte sig som "ekspert" eller "politiker", eller lidt af hvert – på samme måde som politikere har for vane at udtale sig som om lidt af hvert – til tider som "ekspert" i politik, til tider som en art "politiker" politiker. Hvad sidstnævnte er, står hen i det uvisse, men det lyder ikke rart.

Der er forskel på embeder; professionelle politikere må sige hvad, der passer dem bedst, professionelle professorer må ikke, selvom begge er betalt af skatteborgeren. Et reductio ad absurdum ræsonnement og det er stupidt ... også politisk – og det har jeg vel lov til at sige?

Jeg vover aflutningsvist et øje og kalder Pia Kjærsgaards ræsonnement for STUPIDT, men gør jeg det i min egenskab af professor i formel filosofi på KU – og hermed "ekspert", eller gør jeg det som "politiker"? Det er det væsentlige spørgsmål, pyt med det om demokratiets grundvilkår.

Ingeniøren, 17. juni, 2011

8. Informations byrde

Information er en væsentlig ingrediens i alskens overvejelse, beslutning og handling; i dagligdagens overvejelser om hvad familien skal have til middag den kommende uge; i beslutningen om hvad man skal stemme til det forestående Folketingsvalg frem til den handling, der kan sikre artens overlevelse og som oftest i samme omgang sikrer det enkelte menneskes umiddelbare tilfredsstillelse.

Men blot fordi information er vigtig i disse anliggender og flere til, implicerer det ikke, at *den* information, der er forudsætning for *kvalificeret* overvejelse, *kvalificeret* beslutning og handlingsmæssig ditto, er blevet lettere tilgængelig i informationssamfundet. Paradoksalt nok fordi, der kan være for meget af den som grundlæggeren af Lotus Development Corporation, Mitchell Kapor engang har sagt:

> "At få information ud af Internettet er lidt ligesom at drikke en tår vand fra en brandhane."

Det har aldrig været så let at indhente information som det er i dag. Heraf følger ikke, at de nødvendige overvejelser, beslutninger og handlinger man står over for som menneske, vælger og borger er blevet lettere at foretage. Før information kan bruges i så henseende skal den konverteres til anden valuta – *viden*. Viden er ikke noget man *indsamler*, det er noget man *opnår* og netop derfor kan man ikke sætte viden lig information. Som den amerikanske fysiker og præst William Pollard har forkyndt:

> "Information er en kilde til at lære. Men med mindre den er organiseret, processeret, og tilgængelig til de rette mennesker i et format, der leder til beslutningsdygtighed, så er det en byrde, ikke et gode."

Organisering, processering og formatering af information med henblik på vidensbaseret beslutningsdygtighed i informationssamfundet kræver både tænkningens værktøjer, virkelyst, vurdering. Vid plus tid.

At producere viden og være et vidensbåren medie er kostbart i vid og tid. Viden kræver processeret information samt undersøgelse, kendsgerninger og argumenter. Information er billigere, her kan man i værste fald nøjes med rygter, indicier og løs, eller slet ingen, underbygning. Meninger er endnu bedre - de har ingen produktionsomkostninger, kan fabrikeres på bestilling og kaseres uden nævneværdigt tab når de er udtjente eller ikke længere formålstjenstlige lidt som gamle underbenklæder.

Det er ikke det at have en bestemt mening om dette eller hint, der er interessant og informativt i og for sig; det er forudsætningerne for at have den pågældende mening, der kan lede én selv og eventuelt andre til moden overvejelse, beslutningsdygtighed og handlekraft.

At ytre sin uforbeholdne mening om diverse uden, at denne mening har været ledsaget af forudsætningerne findes i metermål i blogosfæren. Medierne har ligeledes været flittige brugere af blogs, hvor læsere og andre medlemmer af det pågældende medies menighed gratis har kunnet sværge troskab eller proklamere deres uenighed. Hvis folk i øvrigt er enige bliver de blot endnu mere enige ved at høre sig selv og ligesindedes mening igen og igen – pyt med argumenterne og forusætningerne for vi er jo enige. Dem, der er uenige kan gå andetsteds. Det kaldes *ekkokammereffekten*.

Faren er således, at medierne selv går i ekkokammeret. Herefter er det intet under hvis offentligheden i hobetal også polariserer om deres foretrukne meningsportal. Så bliver information en byrde, og det gælder også når information staves med rød prik over "i".

Information, 16. august, 2011

9. Informationsstruktur

Politisk filosofi er svært – den handler om afklaringen og forståelsen af begreber som rettighed, pligt, frihed, autoritet, autonomi og ikke mindst analysen og argumenter for-og-imod styreformer som monarki over timokrati til demokrati. En i det hele taget meget væsentlig, men ganske kompliceret og betændt, filosofisk forretning som i hvert fald denne klummeskribent ind til videre er gået i en behændig bue uden om. Så hellere formel logik, hvor der kan laves pæne beviser for sundheden og fulstændigheden af logikker, der beskriver alt fra viden over rationel interaktion mellem agenter (mennesker, skakcomputere eller samlebåndsrobotter, etc.) til disse agenters information, tilhørende beslutninger og efterfølgende handlinger. Det ved man hvad er – logik som studiet af informationsprocessering og informationsstrukturer med en stor og velfungerende værktøjskasse stillet til rådighed udviklet af et konglomerat bestående af logikere, filosoffer, økonomer, matematikere og dataloger i passende blandingsforhold. Entydige svar på veldefinerede spørgsmål er at foretrække frem for flertydige svar på udefinerede ditto hvis det er hvad politisk filosofi beløber sig til.

En sådan opfattelse af politisk filosofi er imidlertid ikke tvungen, for en god portion af de begreber, der er omdrejningspunkter for den politiske filosofi kan behandles med formelle metoder hentet fra logik, datalogi, økonomi, matematik, beslutnings- og spilteori. Selv den vestlige verdens politisk filosofiske kronjuvel – *demokratiet* – kan behandles formelt hvis man opfatter demokratiet som en art informationsstruktur. Demokratiet opfattet som sådan er i ordets matematiske forstand en *struktur*, der indeholder (1) en mængde af personer, der skal foretage (2) beslutninger givet deres (3) præferencer og (4) den information de har eller kan opnå. Forskellige topologiske forhold kunne gøre sig gældende om hvor personerne er placeret i forhold til hinanden og hvem, der har autoritet, hvilket informationnetværk de indgår i, hvilke informationskanaler, der er åbne, lukkede, hvilke informationspakker, der må og kan transmitteres over nettet enten tilgængelige for alle, eller krypterede for de få etc.

I operativt øjemed svarer det vel meget godt til situationen omkring et Folketingsvalg, hvor mængden af personer udgøres af vælgerne, og deres beslutning hidrører fra hvad de skal stemme pba. deres politiske, sociale, kulturelle og økonomiske præferencer og den viden de har om slige sager. Topologien bestemmes af om der er tale og by- eller land-befolkning, engagerede vælgerforeninger med megen intern og ekstern kontakt eller vælgersegmenter, der ikke tror på politiske autoriteter eller ekspertkommentatorer og kun konsulterer de kanaler, der passer deres forbrugerdemokratiske opfattelse bedst osv. Partipolitiske foreninger, interesseorganisationer og medierne transmitterer så informations-pakker over nettet enten som offentlige signaler alle kan decifrere eller som krypterede beskeder, der kan indramme beslutninger på forskellig vis, og som er opportune for en bestemt gruppe, politisk agenda eller holdning.

Hvis demokratiet opfattes som en informationsstruktur betyder det , at kan man manipulere med den information, som du skal bruge til at foretage et "oplyst" valg, så kan man manipulere med din demokratiske stemme. Der skal nok være nogen, der gør forsøget i valgkampen.

Ingeniøren, 27. august, 2011

10. Sesam luk dig op

Gang og gang igen bliver spørgsmålet stillet om, hvad Danmark skal leve af i fremtiden. Og gang på gang er svaret, med notoriske variationer, det samme – *innovation*, og helst med særlig grøn viden, grøn energi, grønne jobs og fingre. Det lyder besnærende, men er grøn innovation - eller bare innovation til en start - og videnstunge jobs overhovedet muligt i Danmark eller er der noget i måden man har valgt at organisere sig på, eller tænke på, der spænder ben for innovationsambitionen? Spørgsmålet er eviggrønt, men umiddelbart efter et Folketingsvalg endnu mere prægnant.

Dansk universitetspolitik som eksempel

Fra politisk side er drømmen, at Danmark skal være i verdensklasse når det gælder viden, innovation og vækst, men samtidig har man organiseret sig på en måde, og indført en særlig dansk markedskonkurrencemodel, der virkelig besværliggør indfrielsen af denne drøm. Det ser man eksempelvis i den hidtil praktiserede universitetspolitik, hvor ambitionen igen er, at danske universiteter skal være centrale medspillere i vækst, vidensproduktion og den nye innovationsdagorden. Som professor på både Københavns Universitet og på Columbia University i NYC har jeg det privilegium at betragte både det danske og det det amerikanske universitetssystem simultant. IVY-league-universiteterne Columbia, Harvard, Princeton, Yale ... er i den verdensklasse som danske politikere og universiteter antager som forbilleder og antageligvis aspirerer til, når det vedrører vækstgrundlaget for viden og innovation. Inden finanskrisen havde Harvard University en egenkapital på 16 milliarder USD, Stanford University nummer to med ca. 4 milliarder USD og så fremdeles. Selvom krisen har barberet i formuerne er der stadig summer på kistebunden. Columbia University har ikke helt den slags egenkapital, men er til gengæld en af New York City's store jordbesiddere. Main campus ligger på 116. gade mellem B'way og Amsterdam Ave og Columbia "country" er stort set arealet mellem ca. 110. gade og 143. gade fra Hudson River til Harlem! Columbia University ejer nærmest Upper West Side af Manhattan og det er blandt andet her, sammen med andre indtægtskilder, pengene tjenes til forskning og uddannelse i verdensklasse.

En lignende amerikansk markedsfundamentalisme har man adopteret i en årrække fra universitetspolitisk side i Danmark, dog med den betragtelige forskel, at det er staten, der sætter prisen og betingelserne for det "frie" universitetsmarked. En af de fremtrædende politiske visioner de sidste 10 år har været, at danske universiteter skal ligge i *intern* konkurrence om både statens og private midler. Hvert enkelt dansk universitet har naturligt nok forsøgt at nyttemaksimere for sig *selv* og det kan for en klassisk *homo economicus* betragtning, og hermed ideen om mennesket som et beregnende selvinteresseret væsen, være rationelt nok.

Lokal konkurrence implicerer ikke nødvendigvis international ditto. Værre endnu, universiteterne kan blive ofre i det såkaldte *fangernes dilemma* kendt fra spilteorien, der demonstrerer, at det kan give et lavere nettoresultat for de enkelte spillere hvis de hver især forsøger at maksimere egenudbytte end hvis de valgte at samarbejde. De danske universiteter har selvsagt ikke egenkapital som Harvard eller jordbesiddelser som Columbia, så der er ikke mulighed for samme egennyttemaksimering og verdensklasseplacering på forskning og uddannelse individuelt, *kun kollektivt*. Samarbejde universiteterne imellem er påkrævet for at kunne gøre sig gældende både nationalt og internationalt, men det tillader den nuværende version af den "frie" markedsfundamentalisme i dansk universitetspolitik og organisering ikke særlig smidigt.

Min kollega fra Aarhus Universitet, professor Frederik Stjernfelt og jeg, har flere ganske forsøgt at samfinansiere forskningsstipendier og sammenlægge forskningsmidler for at maksimere vidensdeling- og -generering, men projekterne strander altid på lokale stridigheder universiteterne imellem om hvem, der skal have overhead'et eller hvem, der skal have lov til at udklække ph.d.-graden. Tilsvarende har vi gentagne gange forsøgt os med såkaldte "joint-degrees", hvor et dansk og udenlandsk univeristetet går sammen om at finansiere et ph.d.-projekt og så udklækker graden *sammen* bagefter. Sådanne grader er ikke usædvanlige konstruktioner i eksempelvis USA som man igen gerne vil sammenligne og samarbejde med, men de "liberale" danske universitetsmarkedskræfter tillader ikke sådanne amfibier ind til videre.

Dansk dilemma

Hvordan kommer, i første omgang, universiteterne ud af fangernes dilemma? Det er som med hundelort og hundeejere: Der er to muligheder, "lade ligge" eller "samle op". Hvis alle andre "samler op", hvorfor skulle jeg så gøre det, for én varm klat gør hverken fra eller til? Omvendt, hvis alle andre "lader ligge" og jeg samler op, er det ligeledes en dråbe i eskrementhavet. Derfor, selvom ingen bryder sig om efterladenskaber på gaden, kan den enkelte lige så godt fortsætte med at "lade ligge"; eller universiteterne kan lige så godt fortsætte med at forsøge at egenmaksimere lokalt selvom alle godt kan se, at det kommer man ikke i verdensklasse af. Vejen ud af fangernes dilemma er muligheden for koordineret samarbejde universiteterne imellem, smidighed til at kunne indgå aftaler og finansiere forskningsprojekter sammen både nationalt og internationalt og således generere viden, udvikling og innovation i verdensklasse og ikke kun i *dansk klasse*, hvis der er noget, som hedder sådan.

Der er angiveligt noget, som hedder dansk klasse, eller nærmere, fangernes dilemma vedrører ikke kun dansk universitetspolitik, men kan generaliseres til mange væsentlige forhold, der potentielt står i vejen for dansk innovation og vidensgenerering. At være fange i dilemmaet er resultat af en opfattelse, der byder, at der er mere nyttemaksimering i at klare sig selv, og sætte egne standarder, end at samarbejde. Danmark i verdensklasse har ind til nu mest betydet verdensklasse i Danmark, og det er der ikke nødvendigvis megen klasse over hér eller dér.

Danmark har for længe ageret på en måde, der foreslår *selvtilstrække-lighed* med egne standarder for hvad det vil sige at være dansk, have danske værdier og tilhøre dansk kultur, afskærme sig fra anden indflydelse og fremmedartede mennesker, markeder og idéer, have egen politik og gå enegang på en række områder, have undtagelser og specialforordninger om alt fra grænsekontrol over vækstmål til markedsandele. Og hvis Danmark ikke er helt nok selv, så er det tilstrækkeligt at vide hvad, handle og interagere med lokale naboer som Tyskland, Sverige og England. For indeværende er det kun 3% af Danmarks samlede eksport, der sker til de såkaldte *emerging markets*, herunder BRIC landene, og på topmødet for Dansk Industri d. 27.

september, 2011 bliver der præcis spurgt til om Danmark overhovedet er "Open for Business". I manchetten til topmødet hedder det sig nemlig *in extenso*:

> "Heldigvis er der en vej frem for Danmark i den ny verdensorden. Hvis vi vel at mærke er åbne for de nye tider, nye vækstmarkeder og nye mennesker. Vi lever af udlandet. Derfor skal vi være kulturelt åbne for fremmede ideer og mennesker, økonomisk attraktive for fremmede virksomheder og investeringer samt åbne for, hvordan vi sælger vores produkter på fremmede markeder."

Idéen om, at Danmark nok skal klare sig har i 10 år betydet, at der bliver lukket grænser og bedrevet eksklusionspolitik uden udsyn og interesse. En sådan ageren og politik er demonstreret som den sikre vej ind i blindgyden. Hvis Danmark ikke passer på, og indser behovet for oplysning, viden, inklusionspolitik, åbne grænser og nye favnende internationale strategier og hertilhørende udsyn, så er det præcis som fange i dilemmat, at Danmark har sin fremtid med innovation, der kan ligge på et meget lille lokalt sted. Og grøn innovation med Danmark i spidsen alene, glem det. Så Sesam, kan du så komme i gang – luk dig op!

Bragt som kronik i *Information*, 20. september, 2011
under titlen "Verdensmester i Danmark"

11. Erkend det uerkendte

Der findes et utal af teser i filosofien – nogle giver anledning til interessante studier, andre fører filosoffer på afveje i årtier – eller århundrede – og atter andre giver anledning til paradokser. Her er en filosofisk tese, der giver anledning til et paradoks. Et paradoks, der vidner om filosofisk storhedsvanvid – og det er ikke første gang i historien det er sket, og sikkert heller ikke den sidste.

Man kunne hævde, som visse filosoffer gør, at alle sande udsagn i princippet er erkendbare. Der findes således ikke udsagn, som ikke er mulige at erkende. Denne tese kendes som *erkendbarhedstesen* (eng. knowability thesis). Erkendbarhedstesen medfører et alvidenhedsprincip, som udgør paradokset, nemlig, at enhver vilkårlig sandhed er *erkendt*. Det er gedign intellektuel megalomi med den konsekvens, at vi lige så godt kan sløjfe videnskabelig undersøgelse, for når der findes sande udsagn om verden – interessante som uinteressante – så er de erkendt. Hvad skal vi så med videnskab?

Paradokset blev opdaget af den amerikanske logiker Frederic Benton Fitch i 1963, kaldes også undertiden for *Fitchs erkendbarhedsparadoks*, og er ganske robust, da det ikke kræver særlig stærke antagelser om viden, muligheden for erkendelse og i øvrigt kan generaliseres på forskellig relevant vis. Den mere specifikke struktur af paradokset er som følger: Lad *A* være et udsagn, der er sandt, men det er ikke erkendt, at *A* er sandt, så *A* er en uerkendt sandhed. Det betyder, at udsagnet

    (*) ”A er en uerkendt sandhed”

er et sandt udsagn. Under den forudsætning, at alle sande udsagn er erkendbare, så burde (*) ligeledes være erkendbar. Det er desværre ikke tilfældet, for i det øjeblik det er erkendt, at ”A er en uerkendt sandhed”, så er *A* erkendt, men så kan *A* ikke længere være en uerkendt sandhed, hvorfor (*) bliver falsk. Suk! Konsekvensen er, at udsagnet ”A er en uerkendt sandhed” ikke både kan være erkendt og sandt på én og samme tid. Ydermere, hvis alle sandheder er erkendbare, så kan det ikke være sådan, at mængden af alle sande udsagn indeholder udsagn af formen "____ er en uerkendt sandhed", hvor ____ er pladsholder for et arbitrært udsagn. Den endelige, men kedelige, konklusion af dette ræsonnement er, at der ikke kan være uerkendte sandheder, hvorefter det følger, at alle sandheder er erkendte, hvilket igen kun er en tese man ville hævde med substantielle hæklefejl i kysen.

Nu kunne man synes, at paradokset er ligegyldigt, for erkendbarheds-tesen er i udgangspunktet absurd. Men der er forskel mellem et vilkårligt udsagn som erkendbart og det tilsvarende udsagn som erkendt. Det erkendbare af en arbitrær sandhed er ikke kontroversielt, da det blot er en mulighedsbetingelse; den reelle viden om en hvilken som helst vilkårlig sandhed er absurd.

Der er ræson i erkendbarhedstesen idet sandhed, som viden, er et erkendelsesteoretisk anliggende, hvor viden om et udsagn *A* implicerer, at *A* er sand, men *A*'s sandhed implicerer ikke nødvendigvis viden herom. Og det er sidstnævnte som Fitchs paradoks vedrører og i yderste konsekvens betyder, at videnskabelig undersøgelse ikke er nødvendig, for hvis noget er sandt, så er det også viden. Videnskaben bliver hermed frataget sin fornemmeste rolle at afdække sandheder, og så er videnskab ikke stort mere end en strikkesydsel.

Man kan også blot droppe antagelsen om, at alle sandheder er erkendbare, så der findes mindst én sandhed, der ikke er erkendbar, men det er da også én erkendelse af det uerkendbare, eller hvad?

Ingeniøren, 23. september, 2011

12. Princip på praksis

Det engelske begreb "affirmative action", på dansk "positiv særbehandling" optræder for første gang i den amerikanske eksekutivforordning nr. 10925 underskrevet af John F. Kennedy i 1961 som et forsøg på at komme diskrimination til livs. Generelt er formålet med positiv særbehandling at skabe lige muligheder for alle som oftest igennem statsinstitutionaliserede bestemmelser, der sikrer forskellige minoritetsgrupper lige adgang til uddannelse, beskæftigelse etc., og kompensere for tidligere tiders diskrimination, forfølgelse eller udnyttelse. En agtværdig forordning, der alligevel fra tid til anden, også i Danmark, giver anledning betragtelige principielle og praktiske problemer.

Politiske tiltag med praktiske foranstaltninger, der baserer sig på en race, køn, nationalitet, religion eller seksuel orientering kan hurtigt blive eksplosive, da de nævnte faktorer er noget, ingen af os rigtigt kan løbe fra, eller forbedre. De er, minus religion – for ugudelige, som undertegnede – menneskelige grundvilkår, der i institutionaliseret sammenhæng ofte benævnes borger- eller menneskerettigheder. Positiv særbehandling og borgerrettigheder kan komme på kant med hverandre som præsident Lyndon B. Johnson måtte sande. I 1965 underskrev han en yderligere eksekutivforordning nr. 11246 mod diskrimination, der i praksis bød entreprenører med kontrakter for den føderale regering at foretage positiv særbehandlig i hyringen af arbejdsfolk. Samtidig var de føderale domstole optagede af, at man heller ikke måtte diskriminere mod virksomheder, fagforeninger og interesseorganisationer. Imidlertid kunne den daværende amerikanske arbejdsmarkedsminister, som stod for implementeringen af 11246, med mafiametoder, først tvinge entreprenørerne til nummereriske kvoter i deres hyring af folk, og siden hen lægge pres på besværlige fagforeninger, der lagde stillinger til. Princip- som praksisrod med papiret om positiv særbehandling i poten.

I meget mindre målestok, mere lokalt og nutidigt verserer en sag om den kvotebaserede favorisering af kvinder til professorstillinger på Københavns Universitet, hvor den ene part argumenterer for lige rettigheder og åben konkurrence med henblik på at tiltrække den bedste kandidat uafhængigt af køn, mens den anden side i debatten er mere optaget af den nummeriske ulighed mellem kønnene.

Barack Obama trak ikke "race-kortet" under sin kampagne i 2008, men han blev tvunget til at addressere racespørgsmålet præcis da hans præst, Jeremiah Wright, trak det rabiate sorte racekort. Obama kaldte positiv særbehandling *som princip* for et 0-sumsspil. Det er som med poker, jeg vinder præcis den mængde penge du taber, og kommer jeg ind på en uddannelse pga. bestemt kulør kan det være på bekostning af dig med anden kulør.

Det er heri den væsentligt forskel ligger; en filosofisk forskel, som for en gangs skyld gør en reel forskel: Positiv særbehandling er *ikke* et universelt princip på linie med menneskerettighedskonventionen eller borgerrettigheder. Det er et ledelsesmæssigt *styringsredskab* man kan betjene sig af, hvad enten der er tale om stater eller universiteter, hvis ledelsen mener, der er lokale indsatsområder, der skal styrkes, specialområder, som skal satses på, grupper, der skal prioriteres og sådan fremdeles. Er man uenig heri er man uenig i ledelsens prioritering, stil eller instrument, men det er ikke det samme som uenighed om universelle principper. Det er princippet på praksis.

Ingeniøren, 21. oktober, 2011

13. Gambling om Gud

I det 17. århundrede stillede den franske matematiker Blaise Pascal spørgsmålet om det ville være rationelt at vædde om troen på Gud. I den posthume samling noter *Pensées,* note 233, der i dag er bedre kendt som "Pascals væddemål", hedder det sig:

> "Hvis du fejlagtigt tror på Gud, mister du intet (under antagelsen, at døden er den absolutte afslutning), mens hvis du sandfærdigt tror på Gud er der alt at vinde (evig frelse). Men hvis sandfærdigt ikke tror på Gud, så vinder du intet (døden afslutter alt), mens hvis du fejlagtigt ikke tror på Gud, så står du til alt at miste (evig forbandelse).

Skal man gamble om troen på Gud med disse muligheder og forventede udbytter er matrixen:

	Gud eksisterer	Gud eksisterer ikke
Vædde for Gud	Evig frelse	status quo
Vædde mod Gud	Evig forbandelse	status quo

At vædde for Gud *superdominerer* over at vædde imod: Det værst tænkelig udfald, der er forbundet med at vædde for Gud (status quo) er mindst lige så godt som det bedste tænkelig udfald forbundet med at vædde mod Gud (status quo). Ydermere, hvis Gud nu eksisterer, så er det strengt bedre at vædde for Gud end at sætte pengene på, at han er en saga blot, dvs. vædde mod Gud. Konsekvensen må være, at uafhængigt af evidens for Guds eksistens eller mangel på samme, løber afskriveren af troen på Guds eksistens den risiko at sætte alt over styr uden udbytte på nogen hylder. Det rationelle må herefter være, i følge Pascal, at vædde i Guds favør.

Det eneste interssante spørgsmål er om "Pascals væddemål" som argument er gyldigt. Hvad sker der, hvis man tilskriver sandsynlighed 0 til Guds eksistens? I så fald vil argumentet ikke længere være gyldigt, hvorfor det således heller ikke vil være rationelt at vædde for Gud. Men Pascal er ikke religiøs for ingenting, så Guds eksistens får en sandsynlighedsmasse større end 0, argumentet vil atter være gyldigt og genetableret er det rationelle i at vædde for Gud. Voila! Dog har ateister for vane at tilskrive Guds eksistens en sandsynlighed på 0 – det er vel kardinalkarakteristikken af ateismen – så ateister vil næppe lade sig overbevise særlig let om argumentets fortræffeligheder.

Selvom Pascal ikke kan overbevise ateister som undertegnede om at sætte pengene på Gud, så markerer "Pascals væddemål" den første egentlige anvendelse af den fornemme og meget anvendelig disciplin kaldet *"beslutningsteori"*, der i tidens løb har produceret mange fine resultater om menneskelig overvejelse, beslutning og handling.

Begrebet om "forventet nytteværdi" spiller en central rolle i beslutningsteori og ligger jo indlejret i Pascals ræsonnement. Antag, at nytten af penge er linær med antallet af kroner, hvorfor penges værdi tilskrives præcis deres pålydende. Nu kan du betale en krone for at deltage i et spil, hvor der er lige stor chance for enten ikke at få noget udbytte eller få tre kroner i gevinst. Forventningen er således 0*(1/2) + 3*(1/2) = 1.5. Betaler du en krone og spiller, er din forventning -1 + 1.5 = 0.5. Denne værdi overstiger imidlertid forventningen ved ikke at spille, der i sagens natur er 0, hvorfor du burde spille. Hvis nu spillet havde lige stor chance for, at man ikke fik noget igen og så fik to kroner, ser regnestykket på forventningen ud som 0*(1/2) + 2*(1/2) = 1. Og her har vi en af beslutningsteoriens credo, for enten kan du betale en krone og være med, eller sige nej tak. Det er underordnet, forventningen er under alle omstændigheder 0. Så man kan lige så godt gamble om Gud.

Ingeniøren, 2. december, 2011

14. Semper ardens

Netop hjemvendt fra Pittsburgh, hvor jeg ikke har været været i godt 15 år. Byen, en af USAs engang så stolte tungindustricentre med stålvalseværker og kulminer, måtte i midten af forrige århundrede sande, at stålet kunne købes billigere i Japan, kullet inden længe ville være drænet i minerne og "blue-collar"-arbejdere i hobetal ville stille op i arbejdsløshedskøen. En arbejdsløshedskø, der strakte sig helt ind i midten af 1990'erne, hvor jeg landede i byen for at læse min ph.d.

Pittsburgh er ud over at være Andy Warhols fødeby og hjemsted for Heintz-familiens ketchupimperium, ligeledes hjemstavn for to af USAs meget velanskrevne universiteter, University of Pittsburgh og Carnegie Mellon University (CMU). Sidstnævnte blev grundlagt af industrifilantroppen Andrew Carnegie, der, efter etableringen af U.S. Steel, blev USAs næstrigeste efter John D. Rockefeller.

Hvis man er til noget så eksotisk som filosofi i lyset af matematik, logik og teoretisk datalogi, er CMU *stedet*. Inden alle gik over til Google brugte man søgemaskinen Lycos, udviklet på CMU i begyndelsen af 1990'erne, og Bill Gates har netop finansieret The Gates Center of Computer Science sammesteds. Her kom jeg så, frisk og frejdig og færdig med min danske kandidatgrad, stor i slaget og i hovedet, med megaloman forestilling om, at mit blændende intellekt ville berige CMU mere end hvad CMU kunne præsentere for mig. Ak, hvor tog jeg dog inderligt fejl.

På det tidspunkt var der i omegnen af 6.5 milliarder mennesker i verden. Hvad jeg ikke lige havde regnet på var, at statistisk set vil der være en god portion, der, ligegyldigt hvor fabelagtig man anser sin egen begavelse for at være, vil have betragtelig højere clock-frekvens end en selv, se bedre ud og i øvrigt være i stand til at svejse under vand, pille rejer og passe børn samtidig med, at der løses problemer i mangedimensionel geometri. Og hvad jeg ejheller havde tænkt på var, at denne befolkningsgruppe havde en meget høj koncentration på CMU.

Jeg hang i med fingerneglene for overhovedet at følge med. Og min vejleder var da heller ikke sen til at ventilere følgende animerende standpunktstilkendegivelse: "Tjah, Vincent, hvad jeg jeg sige? Du er bestemt ikke en af det mest begavede studerende her på stedet, men ..., du er da en af de mere arbejdsomme." Det efterlod ikke noget valg – hvis du skal overleve her, så er det knofedt og timer, der skal lægges i – og meget af begge, for det er ikke omløb i potten der er hyldemeter af.

Sådan blev det: 24-7, we are always open, never close. "Semper ardens" er ikke kun navnet på en af Carlsbergs ølserier, men ydermere den gamle bryggers motto: "Altid brændende." I overført betydning; *altid* undersøgende, nysgerrig, spørgende, årvågen til både hverdag og videnskab – *altid* ildsjæl. Hvor man stod i køen dengang der blev uddelt intelligens og begavelse er man ikke selv herre over, men hvor meget man vil arbejde med, og for, det som man nu engang fik er genstand for selvadministration. På det punkt er vi alle lige. At lykkes er ikke forbeholdt eliten, men tillige os, der ikke har mere at rykke med end gennemsnittet. Det er hårdt arbejde, sådan er det bare – oftest også for dem, der fik mere nedlagt i krydderbollen end os andre. En opfordring: Sæt dig ned, hold din mund, lav din lektie – semper ardens.

Bragt i *Information*, 15. januar, 2012
under titlen "Lav dine lektier"

15. Så godt jeg kan

"Bare jeg gør det så godt jeg kan, så bliver det ikke bedre – og hvis alle andre gør det samme, så er alt jo i skønneste orden." Sådan tænker man fra tid til anden, men er der noget grundlag for, at det så også er rationelt tænkt?

Hvis man nu har forelsket sig i en alabastervase henne på loppemarkedets stand 5, men ikke vil betale fuld pris, og på et loppemarked ligger der jo nærmest en fælles forståelse hos sælger og køber om, at man skal prutte om prisen, så skal man alligevel passe på når man begynder at prutte. For starter man ud med et bud, der er alt for lavt risikerer man, at sælger bliver sur, eller i hvert fald fornærmet nok til ikke at ville sælge alabasterskønheden. Så er der jo netop ingen af os – køber og sælger – der ender med at gøre det så godt vi kan, for ingen får noget – intet prysobjekt til køber, ingen penge til sælger. Dårlig kombination af strategier mellem os to *spillere* i alabastervasespillet.

Man siger om en klynge af strategier, at de udgør et Nash-equilibrium hvis hver strategi repræsenterer det bedste svar til de andre spillerers strategi. Hvis det forholder sig sådan, at enhver deltager spiller strategierne i et Nash-equilibrium, så har de ingen grund til at udvise divergerende (læs irrationel) adfærd, siden deres strategi er det bedste de kan gøre givet hvad de andre spillere gør. Alle gør det så godt de kan.

Tilbage til loppemarkedet. Hvis jeg som køber byder for lavt når vi begynder at prutte om prisen, så kan det være at sælger afslår yderligere forhandling og dropper hele handlen, minus albastervasen, på gulvet. Loppemarkedet og handlen med alabasterbæstet er en afart af det såkaldte *ultimatumspil*. Her skal to spillere samarbejde for at dele en sum penge de har fået tildelt. Den første spiller forslår herefter en fordelingsnøgle (svarende til køber) og den anden spiller kan så acceptere eller afvise dette forslag (svarende til sælger). Hvis spiller nummer to afviser forslaget til fordeling, så får ingen af dem noget som helst; (svarende til, at jeg ingen vase får med hjem og sælger får ingen penge). Hvis den anden spiller imidlertid accepterer fordelingsforslaget, så deles pengene efter fordelingsnøglen som spiller nummer et er kommet med. Der er kun én runde i spillet.

Ligevægtsanalysen for ultimatumspillet beløber sig til følgende: Spiller *A* vælger et beløb α inden får rammerne af portionen X af penge, der skal deles. Spiller *B* vælger hvilke fordelinger, der kan accepteres og hvilke, der skal afvises. Hvis beløbet α er acceptabelt for spiller B, så får spiller *A* beløbet α, mens *B* får det restererende beløb X-α. Hvis beløbet ikke er acceptabelt for *B* får de begge 0. Strategiprofilen bestående af beløbet α sammen med valget fordelinger, der accepteres / afvises er et Nash-equilibrium for ultimatumspillet, hvis der ikke findes nogen beløbsværdi γ, der er større end α, således, at γ accepteres af spiller *B*. Spiller *B* vil således afvise ethvert forslag til fordeling i hvilke spiller *A* får mere end α. Det betyder, at spiller *A* ikke vil tage chancen og forøge fordelingskravet over α, da spiller *B* ville afvise ethvert forslag af den type. På den anden side vil spiller *B* ikke turde afvise det oprindelige forslag, for så får han ingenting. Begge spillere gør det så godt som de kan lige ned i en Nash-ligevægt og en passende pruttepris for et stk. alabastervase. Det er rationelt nok.

Ingeniøren, 27. januar, 2012

16. Seks i kassen

Et finansmarked består af personer, der interagerer i form af køb, salg, opkøb, overtagelse af ejendomme, pantebreve, aktier og alle de andre finansielle produkter, som et finansielt system kan tilbyde. Forhåbentligt interagerer de involverede parter, fra den almindelige borger og småsparer til de multinationale selskaber og hele nationer, rationelt. Men finankrisen har punkteret en lang række bobler, der havde skruet markedet op i urealistiske højder i de gode tider på eksempelvis ejendoms- og aktiemarkedet. Man kunne nu vælge at skyde skylden på markedet alene som usundt og systemisk ustabilt. Men at det kunne gå så galt viser sig også at være *vores* skyld; vores skyld som mennesker og den måde vi overvejer, beslutter og handler både individuelt og i samspillet med andre.

Allerede den kendte britiske økonom John Maynard Keynes (1883-1946) havde indset, at menneskets rationelle adfærd i økonomiske anliggender i vid udstrækning er baseret på hvad man regner med andre individer værdsætter eller foretrækker og således skal man koordinere i forhold hertil. Keynes sammenligner i værket *General Theory of Employment Interest and Money* fra 1936, rationelle menneskers adfærd med en fiktiv skønhedskonkurrence, hvor man som deltager skal udvælge de "smukkeste" 6 ansigter fra fotografier af kvinder. Den deltager, der udvælger de mest populære ansigter vinder en pris.

Den simpleste strategi for en given deltager i udvælgelseskonkurrencen vil være at udpege de seks ansigter som man personligt slet og ret synes bedst om. En mere udspekuleret strategi, der som mål har at maksimere chancerne for at vinde prisen, vil være at overveje hvad majoriteten forstår ved skønhed og så foretage udvælgelsen på baggrund af den information man har om majoritetens opfattelse af hvem de smukkeste seks kvinder i kassen skal være. Man kan oven i købet lave en endnu mere sofistikeret strategi, der ydermere tager højde for den kendsgerning, at deltagere hver især har deres egen opfattelse af hvad majoritetens opfattelse er. Strategien kan således opløftes til anden grad, tredje grad, og fjerde grad, hvor man på hvert niveau forsøger at forudsige det endelige udfald af processen som resultat af hvordan andre rationelle individer gebærder sig, eller som Keynes selv fomulere det:

> "Det er ikke forholdet at udvælge disse ansigter som man, efter bedste evne, anser som de smukkeste, heller ikke dem som den gennemsnitlige mening oprigtigt anser som de smukkeste. Vi har nået et trediegradsniveau, hvor vi bruger vores intelligens til at foregribe hvad den gennemsnitlige mening mener den gennemsnitlige mening er. Og der findes dem, tror jeg, der praktiserer fjerde, femte og højere grader."

Samme adfærdsmekanisme på aktie- (og ejendoms-)markedet. For her vil folk ikke nødvendigvis fastsætte prisen på aktier eller ejendom baseret på den grundlæggende værdi, men nærmere på hvad de tror alle andre tror værdien er, eller hvad alle andre anser den gennemsnitlige værdi for værende. Og det kan lede til bobler og anden råddenskab. Denne råddenskab er ikke nødvendigvis knyttet an til et usundt marked eller finansielt system, men baseret på misvisende information om hvad man tror andre tror frem for hvad man ved om hvad andre ved. Og sidstnævnte sorterer under os som mennesker og er vores ansvar, og hvis det går galt, vores skyld.

Ingeniøren, 23. februar, 2012

17. Infobomben i ekkokammeret

Et ekkokammer er resultat af ekstrem polarisering blandt en gruppe drøftende personer, der befinder sig i et lukket forum hvadenten dette er fysisk eller virtuelt. I gruppen hører man kun på standpunkter man er enige i og frasorterer systematisk udefra kommende information, der ikke passer i gruppens meningsprofil. Det er et velkendt fænomen, der er indgående dokumenteret, men hvordan man intervenerer er der knap så mange bud på.

Her er et bud: Et ekkokammer kan enten stækkes eller decideret sprænges (under ét kaldet intervention) i og med 3T:

1. "truth" / der skal en (eller flere) ny(e) sandhed(er) til

2. "tone" / sandheden skal leveres som kendsgerning

3. "timing" / sandheden skal leveres på det rette tidspunkt

Hvis der ikke kommer ny sandfærdig information til, så er der ikke noget som ekkokammeret og dets medlemmer skal forholde sig til og eventuelt ændre opfattelse i lyset af. Selvom en eller flere nye sandheder er en nødvendig betingelse for intervention, så er sandheden alene imidlertid ikke en tilstrækkelig betingelse. For hvis den nye sandfærdige information ikke leveres som en ren kendsgerningstilkendegivelse eller angivelse af et sagforhold, kan den fortolkes som et kontrært partsindlæg imod den gennemsnitlige mening i ekkokammeret. I så fald bliver den nye sandhed blot et blandt mange partsindlæg i debatten, der kan styres uden om og opløsningseffekten udebliver.

Den sidste og meget centrale betingelse for stækkelse eller opløsning hidrører tidspunktet på hvilket "infobomben" bringes til sprægning i ekkokammeret. Forestiller man sig tilblivelsen af et ekkokammer som angivet i figuren, så betyder det, at medlemmerne starter med et gennemsnitlig standpunkt, der i radikalisering er over 0, og som med tiden, efterhånden som drøftelse og udveksling pågår, bevæger sig mod det ekstreme angivet ved 1 og kulminerer i funtionens maximum indikeret ved det skraverede område. Herefter forsætter ekstremismen i maximum eller aftager som indikeret ved den punkterede linie.

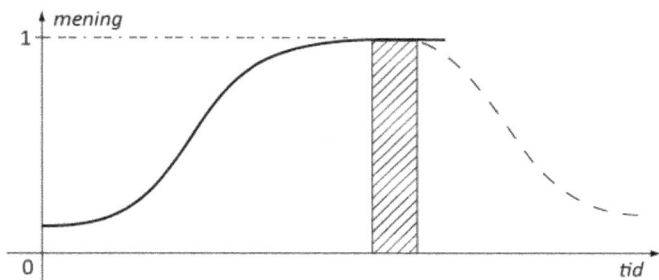

Hvornår man får maksimal effekt (stækkelse eller opløsning) af at kaste den nye sandfærdige information ind i ekkokammeret? Dropper man informationsbomben når radikaliseringen allerede har nået sit maximum og er fortløbende stabil eller aftagende, da er fortællingen, rygtet, råddenskaben allerede etableret og så sandheden ligegyldig. Forsøger man omvendt at sætte ind når radikaliseringen er stigende kan gruppens medlemmer lettere korrigere for sandheden, ændrer taktik, og fortsætte mod radikaliseringsfunktionens maximum. Det er således heller ikke sikkert her at smide informationsbomben i forventningen om maksimalt udbytte.

Det er, som i så mange andre ting i tilværelsen, et spørgsmål om **timing**: Tesen er, at infobomben skal droppes i det tidsvindue hvor ekstremisme-funktionen når sit maksimum. På dette tidspunkt har alle bidragsydere haft lejlighed til at ventilere deres holdninger, eventuelle modsatrettede standpunkter og informationer er for længst blevet sorteret fra, eller korrigeret for, - polarisering komplet.

"Bombs Away, LeMay". Ekkokammerets styrke er præcis dets svaghed – en ny, eller en byge af ny sandfærdig information, timet og tilrettelagt, kan ødelægge præcis alt det som ekkokammeret samlede sig om.

Det er et bud, der kan testes både i teori og praksis, for det er ikke ekkokamre, der for tiden er mangel på i denne verden – virkelige som virtuelle.

Ingeniøren, 23. marts, 2012

18. Ekstremismemål

I den foregående klumme "Infobomben i ekkokammeret" (Ingeniøren, d. 23. marts, 2012) blev fremsat tesen om, at man kan intervenere i et ekkokammer ved hjælp af 3Ter: "truth"; der skal én (eller flere) ny(e) sandhed(er) til; "tone"; sandheden skal formuleres som nøgtern kendsgerningstilkendegivelse, og sluttelig "timing"; sandheden skal leveres på det rette tidspunkt. Ikke mindst timing viste sig at være en vigtig nødvendig betingelse, da den sandfærdige sobre infobombe skal droppes på rette tidspunkt. Rette tidspunkt blev identificeret som det tidspunkt hvor ekstremismen når sit *maksimum* som funktion af tid og radikaliseringen af meningstilkendegivelserne i ekkokammeret. Hvordan kan det detekteres, at ekstremismen har nået sit maksimum?

Her er en ny tese i intervenering i ekkokammerføljetonen: En ekstremismefunktions maksimum er givet ved, at

1. Tidsintervallet mellem indlæg på det virkelige eller virtuelle forum er meget lille,
2. Debatten er fokuseres om nogle få centrale emner eller pointer hvis relative frekvens er meget høj,
3. Rammen for debatten giver entydig anledning til billigelse eller misbilligelse blandt gruppens medlemmer.

Når aviser, nyhedsmedier eller online-fora bringer blot én, eller ganske få, artikler, indslag, meningstilkendegivelser med lang tid mellem indlæggene, er det ikke tegn på, at hvad der end er oppe at vende, er noget læserne, seerne, blog-medlemmerne er passionerede omkring. En ophedet debat er typisk karakteriseret derved, at de involverede parter har meget at sige, udfordrer hinandens standpunkter med det samme, ventilerer holdninger og argumenter meget hurtigt og har automatreaktioner, hvorfor tidsintervallet mellem indlæg formindskes. Hvis man vogter på en historie i medierne eller på blogs ville man kunne isolere en periode, hvor antallet af bidrag til debatten er højst relativt til den samlede tid hvor historien eller diskussionen har levet og været kommenteret.

Blot fordi debatten har mange indlæg implicerer det ikke nødvendigvis polarisering, for debattører behøver ikke samle sig om specifikke emner eller pointer, hvilket er påkrævet for etableringen af et ekkokammer. Gruppen skal fokuseres hvilket kan detekteres derved, at i det tidsinterval, hvor der er flest tilkendegivelser er der visse centrale pointer, begreber og argumenter herfor, der går igen eksemplvis racisme, chauvenisme, islamisme, slyngelstat, menneskerrettigeheder etc. Den relative frekvens af disse begreber eller emner og de robuste argumenter anført kan enten løseligt observeres eller specifikt beregnes.

Mange fokuserede bidrag over kort tid er nødvendige, men ikke tilstrækkelige betingelser for at identificere ekkokammerfunktionens maksimum. En vigtig mekanimse i ekkokammereffekten er, at de stemmer og holdninger, man ikke bryder sig om frasorteres og efterlader udelukkende ekkoerne, der er i overensstemmelse med den herskende meningsprofil. Det kræver, at *rammen* inden for hvilken debatten føres giver anledning til umiddelbar billigelse eller misbilligelse af meningsprofilen for de involverede parter. Det kan ske igennem rammebefordrende løbende afstemninger, online-"likes" eller de nyeste "meningsbarometre", hvor man kan tilkendegive umiddelbar reaktion som "jubler", "smiler", "keder mig", "er ked af det" eller "raser". Procentsatser for de respektive reaktioner blandt involverede parter opgøres typisk samtidig.

Så er vi ved at have et ekstremismemål – kan det bruges?

Ingeniøren, 27. april, 2012

19. Ekkokammerkurver

Her følger den tredje klumme om intervention i ekkokamre – denne gang med datasæt. Den første klumme "Infobomben i ekkokammeret" (Ingeniøren, d. 23. marts, 2012) fremsatte tesen om, at man kan stække eller bringe et ekkokammer til sprængning med 3Ter: "truth"; "timing, "tone". Den anden klumme "Ekstremismemål" (Ingeniøren, d. 27. april, 2012) bidrog med en forsøgsvis formulering af en ekstremismefunktions maksimum med henvisning til blandt andet (1) tidsintervallet mellem indlæg på det virkelige eller virtuelle forum er meget lille, og (2) debatten er fokuseret om nogle få centrale pointer, der optræder med høj relativ frekvens.

Min studerende Henrik Boensvang og jeg har fuldt, og tappet data fra, en debat i blogosfæren, der løb over en 3 ugers tid på hovedsageligt 4 blogs med 6 tråde, i alt ca. 500 indlæg og meningstilkendegivelser med omkring 50-60 bidragsydere totalt – en kontrolleret lille affære. Formålet har været at foreløbigt be- eller afkræfte nogle af teserne fremsat ovenfor. Analysearbejdet pågår stadig, men her er et par tilsyneladende robuste observationer.

Parameteren, der vedrører tidsintervallet mellem indlæg tegner to forskellige billeder af ekstremismefunktionens delvise udvikling som funktion af indlægsantal) (y-akse) over tid (x-akse inddelt i timeintervaller). Enten starter funktionen i maksimum og aftager hurtigt over nogle få timer (figur 1).

Figur 1

En anden mulighed er samme initialudvikling som i figur 1, men, at antallet af bidrag blusser op igen senere inden for 48 timer for derefter at aftage og måske oscillere lidt igen herefter (figur 2).

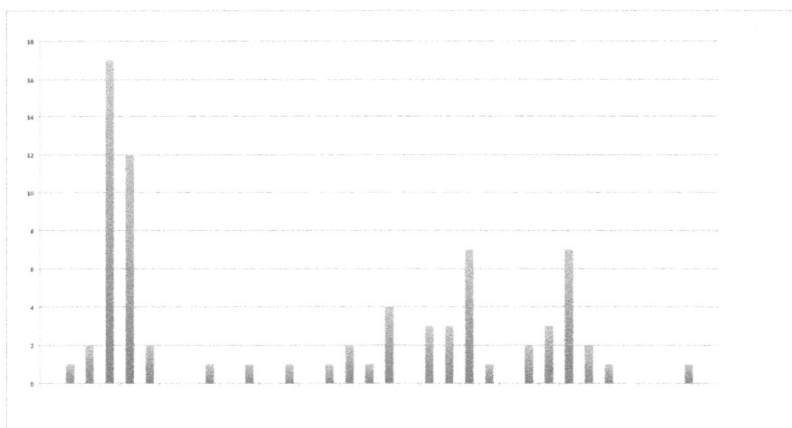

Figur 2

Begge grafer indikerer, at den foreslåede nødvendige, men ikke tilstrækkelige betingelse for ekstremisme i form af bidragsantal over tid, og i særdeleshed intervallet i hvilket antallet af bidrag til debatten og meningstilkendegivelser topper, aggregeres *meget hurtigt* efter debatten er lanceret på en blog eller i en tråd. Der er tale om instantane reaktioner fra bloggens medlemmer, der ventilerer umiddelbare standpunkter og afprøver argumenter, hvilket således må anses som meddefinerende for fastlæggelsen af ekstremismefunktionens maksimum.

Figur 2 er særskilt interessant for her *ved* vi, at umiddelbart efter den tredje top bliver der smidt en infobombe i tråden. En overvejende del af de involverede parter havde samlet sig om en fokuseret mængde pointer og standpunkter de var enige om at bekræfte hinanden i. Ét enkelt, i øvrigt neutralt, formuleret blogindlæg – den næstesidste pind – kundgør imidlertid, at den præmis, der var lagt til grund for enigheden i kammeret var falsk, eller i hvert fald demonstrativt tvivlsom. Herefter dør diskussionen med det samme - i ét hug! Det sidste indlæg i figur 2 refererer tilbage en pointe højere oppe i tråden inden infobomben er droppet (og er således for sit vedkommende irrelevant): Ingen vil tage tråden op efter det er blevet klart, at de(t) standpunkt(er) som ekkokammeret samlede sig om var fejlagtigt.

Det giver lidt medvind til hypotesen om, at yderligere sandfærdig information, formuleret som nøgtern sagforhold og serveret på rette tidspunkt kan være med til at bombe et ekkokammer.

Det var et par foreløbige observationer – ekkokammerkurvekortlægningen cont.

Ingeniøren, 18. maj, 2012

20. Filosofisk finanskrise

Opskrift på et stk. finanskrise filosofisk forklaret:

Til hele Danmark (kan på passende vis spædes op til store dele af verden)

INGREDIENSER
1. Menneskelig grådighed
2. Finanssystemets konfiguration
3. Et stk. infostorm

TILBEREDNING
Ad 1) Skru tiden tilbage til 2007, hvor finanskrisen ramte. Den ramte hårdt blandt andet på grund af den velkendte psykologiske kendsgerning, at mennesker hver i sær kan være grådige, griske og selvinteresserede, som en tidligere ansat i den amerikanske bank Goldman Sachs for nyligt erkendte:

> "Miljøet i banken er mere giftigt og destruktivt end nogensinde før.
> [...] Uden kunder kan du ikke skabe indtjening. Faktisk kan du slet ikke eksistere. Lug ud blandt de bankfolk, der er moralsk bankerot, uanset hvor meget indtjening de skaber for firmaet. Og få kulturen på ret fode igen, så folk vil arbejde her af de rigtige grunde."

Lad denne rudimentære, men alligevel ganske triste, indsigt simre et øjeblik.

Ad 2) Det finansielle system består af en lang række produkter og fænomener: auktioner, handler, aktier, pantebreve, ejendomme, tilsynsmyndigheder, selskaber, banker, kreditforeninger, lånetyper, børser, medier, mæglervirksomhed og andre mærkværdigheder. Dette system kommer med en række bestemmelser for hvordan køb og salg af diverse finansielle produkter skal foregå, retningslinier for låntagning, likviditetskrav til bankerne, valutakurspolitikker etc. Produkter og forskrifter kan blandes på forskellig vis, nogle blandingsforhold kan være ganske giftige. ATP's direktør, Lars Rohde, karakteriserer eksempelvis situationen i Danmark, fra fastkurspolitikken, bankernes indlånsvanskeligheder og rentetilpasningslån til pres på kronen og problemer med valutareserven, på følgende måde:

"Forløbet i efteråret 2008 illustrerede imidlertid, at kombinationen af en fastlåsning af kronen til euroen, men uden Danmark er formelt medlem af eurozonen, et betydeligt indlånsunderskud i banksektoren og en stor relativ andel af rentetilpasningslån potentielt udgør en giftig cocktail: Skabes der den mindste usikkerhed om valutakurspolitikken, kan alene eksistensen af et betydeligt indlånsunderskud og refinansiering af store udestående af rentetilpasningslån skabe et pres på valutareserverne."

Cocktailen kan fortyndes og nåede ikke sin fulde toksiske styrke, men var alligevel særdeles farlig for den danske økonomi da krisen begyndte at kradse.

Ad 3) Man kan oplyse med information, men man kan ligeledes vildlede købere, sælger, investorer, spekulanter, rådgivere, journalister, politikere og alle andre aktører i den finansielle manege med information. Kan man manipulere med den information, som beslutningstagere får forelagt, eller har til rådighed, i forbindelse med overvejelse og beslutning i finansielle anliggender, hvad enten det drejer sig om det private hus- eller lejlighedskøb, erhvervelsen af en erhvervsejendom, investeringen af pensionen eller ungernes børneopsparing i aktier eller obligationer osv., så kan man manipulere med, hvad folk gør både individuelt og kollektivt. I samlet trop kan man få dem til som lemminger at marchere lige ud over kanten og ned i finansafgrunden. Sådanne infostorme kan være givet ved pluralistisk ignorance, informationskaskader, bystander-effeker, polariseringsmekanismer, ekkokamre, rammeeffekter eller i kombinationer heraf.

Bland nu 1, 2, og 3 og du har *Nedtur! Finanskrisen forstået filosofisk*, en netop udkommet bog.

Ingeniøren, 8. juni, 2012

21. Kollektivt klovneri

Vincent F. Hendricks
Jan Lundorff-Rasmussen

> Siden hvornår er kollektiv uvidenhed blevet en dyd? Og
> siden hvornår er at gøre hvad alle andre synes at gøre,
> blevet det korrekte at gøre? Begge dele havde desværre
> gode kår i 00'ernes OPTUR og det er blandt andet derfor,
> den nuværende økonomiske NEDTUR er så heftig.

Værdien af fast ejendom bidrager med hovedparten af den nationale
formue i Danmark. Bolig- og erhvervsejendomme udgør således omkring
69 % af faste aktiver i nationalregnskabet. Lad det stå et øjeblik – næsten
70% af Danmarks formue ligger i jord, mursten og sortglaserede tegl.
Det betyder, at hvis man begynder at lege med, eller spekulere i, det
danske ejendomsmarked, leger man samtidig med den danske
nationaløkonomi. Et anliggende i hvilket man skal fare forsigtigt,
fornuftigt, fremsynet.

OPTUR
Det var imidlertid hverken med forsigtighed, fornuftighed eller
fremsynethed aktørerne gik til det danske ejendomsmarked i 00'erne.
Alt fra staten, kreditforeninger, ejendomsmæglere til borgere kunne
kollektivt bekræfte hinanden i, at det kun kunne gå en vej "op", og så gik
det op. I en tid. Hvis man selv er i tvivl, kan det fra tid til anden være
rationelt at imitere, hvad andre før en selv har ment eller gjort, men hvis
alle andre efterfølgende imiterer alle dem, der kom før, kan der opstå en
såkaldt *informationskaskade*, hvor man kan få alle til at marchere i flok,
mene noget bestemt, have samme forventninger til priser, produkter og
plattenslageri.

Boomtænkning af denne type havde særdeles gode vilkår på det danske
ejendomsmarked frem til krisens entre i 2007. En meget smitsom
informationskaskade, baseret på de stadigt stigende priser på
ejendomme, gav anledning til en lemmingeeffekt for køberne.

Politikerne var stærkt medvirkende til de stigende priser og den øgede omsætning. Det var deres accept af indførelsen af afdragsfrie lån og 1-årige lån samtidig med lav rente og andre konjunkturdrivende faktorer, herunder skattestop for ejendomsbeskatning, der var de primære årsager.

Hvorfor blev der ikke sat ind over for denne blinde boomtænkning på markedet? Svaret er det triste og nærmest intetsigende, at *ingen gjorde noget, præcis fordi ingen gjorde noget.* Kollektivt kan vi komme til at generere betingelser, hvor det er "legitimt" for alle at forblive uvidende eller ikke gøre noget. Den nyeste managementlitteratur er begyndt at flyde over med eksempler af typen:

> „Betragt følgende situation: På et møde salgsafdeling foreslår den ansatte Jennifer, at firmaet forsøger med sig med en ny salgsstrategi, hvor de simpelthen begynder at ringe til køberne. En anden af de ansatte, Tony, lytter til forslaget og anser det for tåbeligt. Men da han kigger rundt om bordet, lader det til, at de andre i lokalet nikker med hovedet i enighed om den nye salgsstrategi. Så begynder han at tænke: „Alle andre støtter idéen, så må jeg hellere se ud som om, at jeg også støtter den." Så han begynder også at nikke med hovedet, og gruppen beslutter enstemmigt at implementere den nye salgsstrategi."
> (Halbesleben & Buckley, 2004)

Nu er der ikke noget i vejen med, at alle ud over Jennifer tænker som Tony, at den nye salgsstrategi er åndssvag, men når de andre hver især så også observerer, at alle andre nikker i enighed, så gør de det også selv. Kollektiv uvidenhed eller *pluralistisk ignorance* kan karakteriseres som den situation, hvor en person har et bestemt standpunkt, men fejlagtigt tror, at alle andre er fortalere for det modsatte, eller sagt på en anden måde, „hvor ingen tror, men alle er af den opfattelse, at alle andre tror"

Under OPTUREN har de offentlige systemer udvist en form for pluralistisk ignorance ved ikke at foretage sig noget, fordi de kunne observere, at ingen andre foretog sig noget, og netop derfor gjorde de så heller ikke noget. Der blev dermed frit løb for markedsdeltagerne.

Herved opstod boligboblen for privatboliger og ejendomskarrusellerne for erhvervsejendomme, der begge bidrog til at forværre krisen. Disse var yderligere blevet hjulpet på vej ved dårligt kredithåndværk i bankerne og problemer med flere af de eksterne spillere, der normalt skulle bidrage positivt til en smidig afvikling af markedet. Krisen på dette marked er ikke forbi endnu, og der har ophobet sig et stort antal usolgte boliger, samt enorme balancer med nødstedte erhvervsejendomme.

NEDTUR
Der blev tjent mange penge under opgangen frem til 2007, men udviklingen blev så kraftig, at den kørte helt af sporet, hvorfor nedgangen blev tilsvarende ekstrem. NEDTUREN blev hjulpet godt på vej af atter en kaskade, men denne gang var det en reaktion imod det, der var sket under OPTUREN. Medierne har siden finanskrisens start i 2007 assisteret til nedgangen ved primært at berette om de dramatiske begivenheder i NEDTUREN og har dermed medvirket til en næsten selvopfyldende profeti. Det hele er endt med total fastfrysning af ejendomsmarkedet, hvor der for tiden er bundrekord i salg og rekord i antal huse, der er til salg. Ud over spor af risikoaversion på grund af sælgernes manglende mod til prisnedsættelser, så viser en ny måling fra Green blandt 1248 danskere, at 53 % forventer faldende boligpriser i 2012, mens kun sølle 13 % har forventning om højere priser. Grunden er klar nok ifølge Curt Lilliegreen, sekretariatschef i Boligøkonomisk Videnscenter, der i Børsen 6.1.2012 noterer sig, at

> „Vi skal passe på, at diskussionen om krisen på boligmarkedet ikke udløser en negativ spiral i bolig-markedet. Vi skal ikke gå i panik. Derfor er det vigtigt, at politikere, finanseksperter og medier er præcise og veldokumenterede i deres udtalelser om boligmarkedet."

Feedback-mekanismen mellem pessimisme og tilbageholdenhed på ejendomsmarkedet, der er ansvarlig for kaskadeeffekten, forklares således af Morten Skak, der er lektor i virksomhedsledelse ved SDU:

> „Mit bud er, at vi har gang i en selvforstærkende negativ spiral. Folk er fra starten pessimistisk indstillet, hvilket giver tilbageholdenhed, så falder priserne, hvilket

bestyrker pessimismen, hvilket igen styrker tilbageholden-
heden. Min opfattelse er, at boligpriserne bliver trukket
længere, end de fundamentale forhold tilsiger." (Børsen:
6.1.2012)

Boligmarkedet bliver netop nu trukket ned af erkendelsesteoretiske og
adfærdspsykologiske årsager nærmere end grundlæggende økonomiske
vilkår og forhold på markedet. Finanskrisen har haft en katastrofal
skadevirkning, idet det kollapsede ejendomsmarked blot har været ét af
de elementer, der har udhulet indkomster, formue, pensioner m.v. for
såvel selskaber som private.

VORES TUR
Der har været tre elementer i ejendomskrisen, og i større perspektiv
finanskrisen, som den tager sig ud nu: 1) grådighed, 2) måden hvorpå
ejendomsmarkedet har været konfigureret med lånetyper,
beskatningsregler, belåningsmuligheder osv., og 3) os, eller nærmere
måderne hvorpå vi tænker om, hvad hinanden tror, håber, forventer,
tænker, mener. Derfor er det vigtigt, for at undgå fremtidige kriser, eller i
hvert fald, skære toppen af toppen og bunden af bunden af ekstreme
konjunkturer, at forstå os selv og måderne hvorpå vi ræsonnerer
sammen, så vi er modstandsdygtige over for det kollektive klovneri
under OPTUR og ved NEDTUR.

Information, 15. juni, 2012

22. Den eneste sandhed

Salt Lake City, Utah er mest kendt for Mitt og mormonerne samt afholdelsen af de 19. Olympiske Vinterlege i 2002. I forbindelse med disse lege blev der i årene op til 2002 udlagt supplerende slalombakker og bobslædebaner, såvel som opført adskillige 100.000 kvadratmeter nye hoteller og boliger til idrætsudøvere og følge.

Det er længe siden, og her 10 år efter ligger 6-stjernede hoteller og resort-områder ubelagte hen. Erhvervsejendomsekspansionen i forbindelse med de forgangne Vinterlege overstiger langt den efterfølgende efterspørgsel. Hvad stiller man op med alle disse tomme hotel- og resortkvadratmeter?

Svaret på det spørgsmål finder man ved, i sommerferien, at forvilde sig en times kørsel syd-øst fra mormoncentralen. Park City, det amerikanske svar på Val d'Isére eller Davos ligger døsig hen i sommerheden, skiliften keder sig bravt, hopbakken bliver brugt som udkigspunkt af dvask vandrefalk.

På turistkontoret finder man omvendt den hyperenergiske 21-årige fyr Jeb, der virker som om han har blandet coke og metaamfetamin til morgenmad. Han udfritter os om hvor vi påtænker at overnatte. Han har et tilbud, der ikke er til at afslå: Overnat på det eksklusive 6-stjernede resort Westgate for $80 for 2 nætter, og med i købet får vi en rabatkupon til Westgate Grill & Restaurant på $50. Rudimentær aritmetik vil vide, at vi således bruger $(80-50)/2 = $15 pr. nat for at bo i en 2-værelses, 6-stjernet hotellejlighed! Jeb skal dog lige sikre sig, at vi hverken er vagabonder eller studerende, at vi har en årsindkomst på mere end $100.000 tilsammen, og at vi slutteligt indvilliger i få en kort "tour" af det paradisiske Westgate. Interessante betingelser som min hustru og jeg tilfredsstiller. Vi overnatter herefter ved himmerigets vestlige port.

Morgendagen oprinder – vi skal på "tour". Vi mødes på hoteletagen, der i elevatoren benævnes som "Pool, Spa og ... Timeshare". Tom møder os; overfriseret, overimødekommende, overlyserød skjorte, bare over- ..., der gelejder os til bord og bagel, kaffe og retoriske kunstgreb; vi skal føle os vigtige, værdsatte ... vammelt. Tom, 52 år, havde selv en $55 millioner eksportvirksomhed, kontorer i Dubai og Qatar indtil han besluttede sig for at arbejde som provisionslønnet klammer-Leif for Westgate time-"scare". Selv har Tom interesse i filosofi efter han bliver bekendt med min profession, han har sjovt nok også arbejdet med ledelse da han får fortalt, at min hustru er ledelsesrådgiver osv. Vi bruger en time på legen med kateteræblet, tager på "tour" i det forladte resort, der ligner en scene fra Ondskabens Hotel, mens Tom febrilsk forsøger at forsikre om, at alle hotellets 1000 værelser er udlejet netop nu, at alle gæster er oppe i skiområdet på mountainbikes og ATV, mens skiliften snurrer lystigt med tomme gondoler.

Tilbud: Ti dage om året timeshare for $54.000, med en 10% rabat lige nu, fordi vi virker seriøse. "Not interested" svarer vi samstemmende ca. 10 gange i forbindelse med Toms notoriske variationer over samme tilbudstema. Herefter kommer Toms chef, Buster, der er 27 år og overrasket bekendtgør, at vi er registreret under et gammelt referencenummer, der betyder, at vi kvalificerer til at få timesharen til den oprindelige udbudspris fra 2001 på $27.000. Halveret pris. 8 minutter! "No thanks!". Til sidst sender de artilleriet i form at Wayne, der har et sidste tilbud bestående i, at han vil sælge os "tid" til at tænke os om. Kommer vi nemlig tilbage i snesæsonen kan vi få udsøgte værelser i en uge, købe timesharen til den oprindelige udbudspris mod, at vi indbetaler $40 om måneden frem til december 2012! Tager du pis på os? Wayne svarer: "You know what, at some point there, I almost thought I had you". Den eneste sandhed på en hel formiddag.

Ingeniøren, 24. august, 2012

23. Hårdt arbejde

I Dagbladet Information kunne man mandag d. 17. september, 2012 læse om Jake Davis, forhenværende hacker, der som en del af sin straf for et cyberangreb har fået forbud mod færden på internettet. Umiddelbart noget af en afsigelse, for han har skullet afstå en virkelighed, men har fået en anden, der umiddelbart kan synes mere besværlig:

> "Jeg savner onlinesamværets øjeblikkelige følgeskab, chatrummets palaver og den lethed, med hvilken folk med de samme interesser kan finde hinanden. Det siger sig selv, at der ikke er nogen steder i det virkelige liv, hvor man kan indtaste søgeord. Man er nød til selv at gøre arbejdet."

Interpersonel kontakt og kommunikation kan være let i den virtuelle virkelighed, men noget mere krævende i den aktuelle. Facebook og andre sociale medier udmærker sig derved, at man kan interagere med alter uden den sociale virkeligheds irriterende afsløringer, pinligheder og arbejdsindsatsen – en uopdaget bussemand, en ikke-lynet buksegylp, en prut og de ubehagelige pauser i samtalen, mens man febrilsk afsøger landskabet for et nyt tema at tage op med sin konversationspartner.

Således kræver sociale relationer i virkeligheden noget mere som Davis ligeledes erkender. Her er man tvungen deltager, for så vidt, man indlader sig på kontakt og kommunikation med en anden i det fysiske rum, i det stimuli-respons-spil samtale er. Man konvergerer på et tema for konversationen, sender prøveballoner op, afstemmer herefter afhængig af svar, tillader sig en frihed, for herefter at modtage ditto etc. Det kan være arbejdsintensivt specielt til et selskab, eller i anden sammenhæng, hvor man ikke synes at have nævneværdigt til fælles med den anden. På Facebook kan man behændigt undgå at skulle udvise denne form for initiativ, ihærdighed og virkelyst, da momentan skæven til væggen eller de seneste statusopdateringer vil afsløre om man umiddelbart har noget til fælles. Har man ikke det umiddelbart, har man det angiveligt slet ikke.

Det åbenbart besværlige, men virkelige, stimuli-respons-spil skærper således sociale kompetencer på en måde som lader Facebook, MySpace, Google+ og de andre noget tilbage at ønske. På de sociale medier er alle blevet udstyret med en megafon til offentligheden, men heraf følger ikke nødvendigvis, at der er nogen, som lytter – og hvis de gør kan det være med det hurtige, men ganske uforpligtende "like," der ikke siger meget, hvis noget overhovedet, endsige kræver overvejelse, beslutning eller handling, der normalt karakteriserer menneskelig interaktion. Washington Post undersøgte for et par år siden en Facebook's største applikationer Causes, der er en fundraiser til alverdens gode formål. 179.000 aktive projekter på siden, men ingen så sig i stand til at mønstre mere end et par tusind kroner, for der er langt fra det blødende hjerte og den virtuelt gode intention, til den virkelige forpligtelse. Tilsvarende er det let at få mange til at støtte idéen om en demonstration mod en uretfærdighed med et "like", men at få mere end en håndfuld til at troppe op på Rådhuspladsen når dagen oprinder er en større udfordring.

En idé kan sagtens fostres på sociale medier, men overvejelse, beslutning og efterfølgende handling kræver typisk, at idéen ventileres, vurderes og og vokser sig stærk i det fysiske fællesskab, hvor forpligtelsen blandt andet givet stimuli-respons-spillets karakter binder stærkere når faktisk, og ikke virtuel, koordination er påkrævet. Virkelig menneskelig interaktion betaler sig også selvom det kan være hårdt arbejde heldigvis.

Ingeniøren, 21. september, 2012

24. "Todding"

Amanda Todd, den 15 årige canadiske teenager, der 10. oktober, 2012 tog sit eget liv efter vedvarende nederdrægtig digital mobning (cyber-bullying) på Facebook, YouTube og de andre så kontaktskabende sociale medier, lægger i disse dage navn til prægningen af et nyt, og ganske morbidt, begreb på nettet - "todding". "Todding", med afsæt i Amanda Todds efternavn, henviser angiveligt til så uhyrlige og modbydelige smædekampagner af udvalgte ofre på nettet fra fjender, frænder og freaks, at de pågældende (unge) ved længere tids eksponering, kan udvikle alt fra stress, depression, panik- og angstanfald til misbrug og som i Amanda Todds tilfælde, selvmord. Hun er ikke den første, bliver næppe heller den sidste, der tager sig selv af dage som resultat af "todding".

Allerede d. 7. september, 2012 poster Todd på Youtube en video med titlen *My Story: Struggling, Bullying, Suicide and Self Harm*, hvor hun ved hjælp af en række talekort, fortæller historien om den digitale mobning hun har været udsat for over en længere periode. Mere eller mindre øjeblikkeligt bliver denne video viral, bliver vist mere 1.600.000 gange frem til hendes dødsdag, og selv diverse online aviser "liker" videoen. Men ingen griber ind på trods af de mange visninger, kommentarer, sympatitilkendegivelser og "likes". Det er der to med hindanden forbundne årsager til: Visninger, kommentarer og "likes" er omkost-ningsneutrale i den forstand, at den virtuelle misbilligelse af vederstyggelighederne og det rædselsfulde forløb ikke forpligter den enkelte til reel indgriben. Eftersom den enkelte ser, bruger såvel som (online) medie, at alle andre misbilliger uden, at det forpligter til virkelig intervention bliver det legitimt og hermed normen, at misbillige på samme vis, også hvis man selv personligt er af den opfattelse, at mere burde gøres. Man kommer til at billige en norm fordi man tror alle andre billiger den. Det er pluralistisk ignorance og bliver ikke bedre af, at man sammen med alle andre kommer til at stå på sidelinien og se til, mens ignorancen ukontrollabelt breder sig viralt, og således bidrager man personligt til tilskuerapatien med sit støttende "like".

D. 13. oktober, dagen efter Todds tager sig af dage, begynder begrebet

R.I.P (Rest In Peace) *Amanda Todd* at blive en trend verden over på Twitter. Efter hendes nødråb på Youtube havde mere end 700.000 Facebook-brugere "liket" Todd's Facebook-mindeside. På trods af denne overvældende mængde sympatiindlæg var der stadig tidligere klassekammerater og andre trolde, der bidrog med hånlige kommentarer af typen "Jeg er så glad for hun nu er død". Ved en tidligere lejlighed havde Todd forsøgt sig med selvmord ved at drikke klorin, for hvilket hun efterfølgende, hjemvendt fra hospitalet, på Facebook høstede kommentarer af typen "du har fortjent det", "har du prøvet med en anden slags klorin?", en reklame med teksten "Clorox – It's to die for" og et billede af Todd med en klorinflaske i hånden. Der er adskillige af sådanne reklamer derude, notoriske variationer over samme tema. Det er nemlig ligeså omkostningsneutralt at smæde som at sympatisere og kaskademekanismerne er de samme.

Nye sociale medier kan ikke dæmme op for menneskers tilbøjeligheder, kun tilsyneladende forstærke lemmingeeffekterne på godt, men så sandelig også på ondt. De sociale medier har slagsider hvis konsekvenser vi slet ikke endnu har set. "Todding" er blot begyndelsen selvom det for Amanda Todd var enden.

Ingeniøren, 19. oktober, 2012

25. Asociale medier

De sociale medier burde, alene givet deres betegnelse, skabe kontakt mennesker imellem. Forening med fordums frænder, fjender, flammer, kværulerende klassekammerater og søvnige slægtninge er altsammen noget portaler som Facebook, Twitter, FormSpring kan facillitere med ét klik og en søgning. Det er ikke kun fortidens folk og fæ man kan komme i kontakt med på de disse platforme. Hvad enten fællesinteressen falder på politiske dagsordner, kulturelle interesser, etniske uretfærdigheder eller økonomiske vilkår for bestemte befolkningsgrupper har det aldrig været så let som nu at finde åndsfæller. Det klares ved en post på væggen eller en kommentar på bloggen, og herfra kan andre brugere billige ved et "like", "smiley", "synes godt om". De, som ikke billiger undgår bare at svare, og filtreringen af ånds -fæller og -fjender er igangsat, og kan udvikle sig så længe den umiddelbare interesse kan opretholdes eller noget nyt tilføres, der ægger brugeres interesse, sympati, refleksion men også forargelse, fjendtlighed og fladpandethed.

Bliver man mere social, får større sociale kompetencer eller større tværkulturel forståelse igennem anvendelsen af de sociale medier? Det ville være befordrende for os som mennesker, der skal leve med hinanden i den tvær- og multikulturelle ursuppe som det moderne samfund er – og for de sociale medier som sådan – hvis svaret på dette spørgsmål var entydigt bekræftende. Så godt er det imidlertid ikke fat. Menneskers forpligtelse og omgangstone over for hverandre på nettet og i sociale medier, som centrale bestanddele af den sociale kompetence og tværkulturelle forståelse, er virtuel, men ikke hermed automatisk reel. Nye socialpsykologiske og informationsteoretiske studier tyder på, at på trods af vi aldrig har været mere forbundne end vi er nu via de sociale medier, har vi aldrig været ensommere og mere narcissistiske. Yvette Vickers, tidligere B-skuespiller, ville angiveligt have rundet 83 sidste år, men ingen ved præcis hvor gammel hun blev. *Los Angeles Times* rapporterer, at hun blev fundet efter et års tid af naboen, der brød ind, for herefter at finde Vickers mumificeret, forstenet foran computerskærmen med det kendte blå underansigt fra Facebook, hvor hun havde oceaner af venner, fans og følge. Ingen på Facebook havde imidlertid opdaget, at hun havde været død omkring et år.

Angiveligt er den forsigtige konklusion, i følge ny social-netværksanalyse, at folk, der i øvrigt er ensomme bliver endnu mere ensomme, og bruger endnu mere tid på Facebook, end dem, der ikke føler sig ensomme. Den direkte menneskelige kontakt er erstattet med uforpligtende klik i kategorien "synes godt om" og virtuelle sympatitilkendegivelser, ingen af hvilke ansporer til at gøre en reel forskel, og således heller ikke skærper virkelig sociale kompetence eller forståelse. Faktisk viser det sig, at man kan forøge sin sociale kapital med mange "synes godt om", men det bliver et kvantitativt mål, og siger ikke noget om kvaliteten af, at have mange "likes". Personlige beskeder, eller, hvad der også kaldes "komponeret kommunikation" er mere tilfredsstillende end "et-kliks-kommunikation" og et nyligt foretaget socialt eksperiment viser, at mennesker, der modtog komponeret kommunikation blev mindre ensomme, mens personer, der modtog et-kliks-kommunikation ingen forskel oplevede i deres ensomhed.

Værre er, at de sociale medier kan være kontaktskabende, men samtidig det bedste medie til digital mobning, hvor mennesker samles om, at være nederdrægtige over for andre. Det er der ikke meget social kompetence i, i hvert fald ikke en, der fremmer tværkulturel forståelse og tolerant omgangsform mennesker imellem.

Opinionen, 12. november, 2012

26. Mene, mene tekel

Vincent F. Hendricks

Annette Møller

Skriv til os, hvad du mener om organdonation, privatskoler, bankernes gebyrer, lavenergipærer, silikonebryster, æblekompot på adressen "minmening@dk" eller send en sms til 7-9-13. En spritny meningsmåling viser, at 3 ud af 4 danskere mener, at bycykler er en god ting. Gå ind på vores Facebook side og se hvad andre mener om sommertid og hjælp til selvmord!

Aldrig har vi ment så meget om så meget forskelligt; og skulle der, mod forventning, være noget, vi ikke har en mening om, kan vi gå på nettet og finde en mening et klik væk. Alle skal have en mening på sig, ligesom man skal have tøj på kroppen, når man går ned ad *Strøget*. Tænk hvis man blev stoppet og fik præsenteret en mikrofon på klos hold – og så ikke havde en mening? Sjældent hører man i disse dage nogen sige: "Det har jeg ingen mening om."

Hvad er det "at mene"? Det vil sige, at have en holdning til en given ting eller til en given sag. Man mener fx, at noget er bedre, sundere, grimmere, mere retfærdigt, mere skadeligt, mere fornuftigt end noget andet. Brødrene Prices madprogram er bedre end Jamie Olivers, solceller er mere energibesparende end vindmøller. Eller man kan kategorisk mene, at Jamie Oliver er en nar og solceller er fuppet fidus.

Platon lader i dialogen *Theaitetos* Sokrates formulere, at sand mening opstår på baggrund af tænkning, og tænkning er sjælens samtale med sig selv. At "mene" forudsætter således en proces. Hvis man foretrækker noget frem for noget andet, må der ligge bare et minimalt tankearbejde til grund, hvorimod den kategorisk formulerede mening ligeså kan være en spontan følelse, der ophøjes til mening – især hvis man er lige ved at bide i en mikrofon. Følelser er subjektive og umiddelbare, der kræves ingen argumentation for følelser, men det gør der for meninger.

Argumenter indsamler man ved at tale med omverden og med sig selv; man undersøger den problemstilling, man vil mene noget om. Man bliver fortrolig med argumenter for og imod, vejer dem mod hinanden, og på et tidspunkt kan det være, at den ene vægtskål bliver den tungeste og dermed meningsbærende. Tænker vi os således frem til en mening bliver vi mere forstående overfor den modsatte mening, for på vejen til vores egen mening var vi rundt om modstanderens, hertil hørende præmisser, og derfor kan vi tale sammen, justere indhold, forfine pointer, på trods af vores endelige meningsforskel.

Den moderne mediestyrede meningsdannelse har for denne betragtning mistet forbindelsen til tænkningen. Descartes' "cogito" hævdede, at det at tænke bekræfter eksistensen, selve det, at han tænker er beviset på, at han er værende. Tanken er individets samtale med sig selv, den stille private syssel, som ikke nødvendigvis manifesterer sig i en taleboble. Modsat meninger, som sikrer, at omverden bliver antageligvis opmærksom på os, og først når vi bliver set og hørt af andre, er vi sikre på, at vi eksisterer. Æteren er fuld af meninger, som flakser rundt; "din mening" gør hverken fra eller til. Nogen har opfordret dig til at lufte den, eller en bestemt sag har ansporet dig til at ventilere din mening, men sammen med de andre tanketomme meninger svæver den i et blindt og døvt medieunivers, der ikke interesserer nogen nævneværdigt.

Sproget stritter imod denne løsagtige omgang med "at mene". I lagkagekampen med meninger kan den ene pludselig stoppe op og sige: "Mener du virkelig det?" med andre ord – har du virkelig tænkt over dette?, kan vi ikke tale om det? Sproget kan ikke slippe kravet om den bagvedliggende tanke. Men den tankeløse mening er subjektivistisk og monologisk, og fordi den er uargumenteret, er den også ganske upåvirkelig overfor argumenter.

Gav man nu blot afkald på at mene så meget, men i stedet slog sig til tåls med "at tro" – ikke religiøst forstået, men som den kognitive tilstand, hvor man ikke har gennemtænkt eller undersøgt en sag tilstrækkeligt til at mene noget om den. Den, der endnu bare tror er åben for dialog, er endnu spørgende og søgende og har ikke rimpet sig sammen om sin egen mening. Måske ville vokabularet have godt af at opgive "at mene", således, at man sprang denne selvhøjtidelige inderligt ligegyldige tilstand over, og opholdt sig i tros eller overbevisningens tilstanden, indtil der er samlet erfaring og kundskab nok til at *vide* noget om ting og sager.

Publiceret i Dagbladet Information under titlen
"Hvorfor mene, før vi tænker?",
15, november, 2012

27. Postfaktuelt demokrati

Et nyt rædselsregimente er muligvis på vej i informationssamfundets sump: Det postfaktuelle demokrati, hvor kendsgerninger erstattes med opportune fortællinger, hvor den gode historie er viral, og hvor politik beløber sig til vælgermaksimering. Den netop overståede amerikanske valgkamp bød på adskillige eksempler fra denne nyåbnede faktaforladte skuffe.

D. 29. august, 2012 afholdt republikanernes vicepræsidentkandidat Paul Ryan en tale, der selv af Fox News blev omtalt med 3 ord: "Dazzling, Deceiving, Distracting" og som det åbenbare forsøg "på at slå verdensrekorden for det største antal løgne og misrepræsentationer, der nogensinde er forekommet i en enkeltstående politisk tale". Eksempelvis forsøgte Ryan at skyde skylden for nedgraderingen af den amerikanske kreditværdighed på Obama-administrationen, men kreditværdigheden blev reelt nedgraderet eftersom republikanerne truede med ikke at løfte gældsloftet. Ligeledes beskyldte Ryan Præsident Obama for at have lukket en General Motors fabrik i Wisconsin, selvom den faktisk blev lukket under George W. Bush; hertil kommer, at Ryan tidligere havde spurgt om føderale midler til at redde fabrikken, mens præsidentkandidat Romney notorisk har kritiseret redningen af den amerikanske bilindustri som Obama i sidste instans iværksatte netop for at undgå yderligere lukninger af fabrikker. Senere glimrede Romney på et vælgermøde i byen Defiance med fortællingen om, at bilgiganten Chrysler havde planer om, at flytte "hele produktionen" af Jeep til Kina, hvilket bestemt fik sindene i kog i Defiance, der er hjemby for General Motors. Sandheden er imidlertid, at Chrysler har planer om at lave Jeeps i Kina, men ikke med henblik på tilbagesalg til USA og slet ikke har til hensigt at lukke fabrikkerne i Michigan, Illinois og Ohio, der laver de ikoniske bilmodeller.

Demokraterne har også undervejs i valgkampen bevæget sig elegant i parallelsporet til sandhedens smalle sti. I spørgsmålet om Romneys mulige skattely producerede Obamas kampagnefolk blandt andet en video, der stillede vilkårlige personer det simple spørgsmål om de havde oversøiske bankkonti. Naturligvis svarede de, der blev spurgt "Nej". Videoen røg på YouTube og Obama-kampagnen henviste til historier fra *Associated Press* og *Vanity Fair* om oversøiske konti samtidig med, at teksten "Is he (Romney, red.) avoiding paying U.S. taxes by having money in those tax havens?"

Der er desværre mange sådanne fortællinger derude, og de kan være særdeles opportune for en bestemt politisk dagsorden, hvis de kan gøres robuste. Nettet er et gement godt medium til at polstre en fortælling gennem mange "synes godt om", læsninger eller visninger, hvilket over relativ kort tid kan gøre fortællingen viral. Men hvad der er viralt er ikke nødvendigvis sandt, og hvad der er sandt er ikke nødvendigvis viralt. Vælgermaksimering fordrer ikke fakta, hvor meget filosoffer, og andre i så henseende optimister, end det gerne ville, men vælgermaksimering er så heller ikke synonymt med demokrati. Hvis ikke demokratiet har adgang til pålidelige kilder og respekt for det gyldige argument, kan der ikke sondres mellem junkevidens og fakta. Kan der ikke sondres mellem disse to, kan der bydes velkommen til det postfaktuelle demokrati, som hverken er demokratisk eller funktion af den amerikanske geografi. En sådan faktaforladt velkomstkomite kan hurtigt finde vej hertil; til lands, til vands og gået i luften.

Ingeniøren, 16. november, 2012

28. Postfaktuelt demokrati på dansk

Det postfaktuelle demokrati er landet her i kongeriget, og har desværre allerede været i brug, og gjort sit til at etablere fortællinger og betvivle kendsgerninger når det har været opportunt for en bestemt politisk dagorden. Et eksempel stammer fra Ungdomskommissionen, nedsat af daværende VK-regering i 2007. Den pågældende kommission fik som mandat at foretage en gennemgang af indsatsen mod ungdoms-kriminalitet og blev sammensat af såvel eksperter som faglige repræsentanter for organisationer med ekspertise på området.

Efter et par års arbejde offentliggjorde kommissionen en 700 sider lang udredning. Rapporten var såvel saglig som evidensbaseret, men det gjorde ikke lysten til at betvivle kendsgerninger mindre. Allerede inden rapporten blev afleveret begyndte forskellige politikere at anfægte dens resultater. Blandt disse postfaktuelle politikere var daværende statsminister Lars Løkke Rasmussen også at finde. Ungdoms-kommisionens rapport kunne desværre ikke demonstrere, at en nedsættelse af den kriminelle lavalder igen ville styrke indsatsen mod ungdomskriminalitet. Det var et andet resultat end hvad daværende regering havde regnet med. Forhenværende justitsminister, Brian Mikkelsen, nåede til den interessante postfaktuelle konklusion, at det videnskabeligt korrekte i sig selv var politisk, og, at det politisk rigtige måtte være det folkeligt rigtige: mere straf til flere mennesker.

I stedet for at vedkende sig sine holdninger og det folkelige mandat på hvilket han var valgt, fandt Brian Mikkelsen på en anden strategi. Han besluttede at mobilisere konkurrerende ekspertudsagn, der skulle sætte Ungdomskommissionens anbefalinger i et relativt, og hermed ugunstigt, lys. I oktober 2009 oversendte han således et notat til Folketingets Retsudvalg om, at FN anbefalede en sænkning af den kriminelle lavalder. Det er siden dokumenteret, at notatet var vildledende. Det var ikke FN's anbefaling. Tværtimod.

Selvom Ungdomskommisionens resultater var inopportune for den daværende regerings politiske dagsorden, forhindrede det samtidig heller Lars Løkke Rasmussen i forsøgsvis etablering af et argument i åbningstalen til Folketinget i 2009, der lader noget tilbage at ønske når det drejer sig om logisk gyldighed:

"Vi skal have fat i kraven på de unge, som er på afveje. Vi skal vise dem, at det samfund, de vender ryggen, ikke har opgivet dem. Det gør vi ikke ved at lægge hovedet på skrå og se bekymrede ud. Det gør vi gennem konsekvent handling. Derfor foreslår vi en sænkning af den kriminelle lavalder til 14 år."

At udvise konsekvent handling, få fat i kraven på, ikke vende ryggen til og lægge hovedet på skrå over for unge, betyder angiveligt at nedsætte den kriminelle lavalder til 14 år. Men på den præmis ville det imidlertid være lige så konsekvent at fjerne den kriminelle lavalder helt og aldeles, sætte den til 5 2/3 år eller til op til 98 2/5. Konklusionen følger alligevel ikke af præmisserne og i særdeleshed heller ikke med henvisning til Ungdomskommisionens rapport.

Politikere kan have legitime grunde til at henvise til deres politiske interesser som grundlag for demokratiske beslutninger. Men også det danske demokrati fratages et væsentligt grundlag at drøfte ud fra, hvis kendsgerningerne antastes eller beskyldes for at være politik med andre midler og gyldige argumenter beløber sig til ligegyldigheder. Det gælder for både højre og venstre side af Folketingssalen.

Ingeniøren, 7. december, 2012

29. Tidsfordriv

Tv-dueller flytter ikke holdninger

Pelle G. Hansen
Vincent F. Hendricks

For et par uger siden tørnede Lars Løkke og Helle Thorning sammen i en duel på tv. I denne uge var turen kommet til Ole Sohn og Claus Hjort. Men har disse dueller overhovedet nogen betydning for, hvor vi sætter vores kryds?

De sidste par måneder har budt på en serie af politiske 'tv-dueller' i bedste sendetid. Konceptet er den velkendte amerikanske udgave af politisk debatkultur: To sværvægtere diskuterer rigets vigtigste anliggender for at overbevise vælgerne om, at netop de har den bedste forståelse for, hvordan man får samfundets værdier og ressourcer til at spille sammen i en højere enhed. I kølvandet på 'duellerne' består hver gang det uundgåelige spørgsmål: Hvem vandt duellen? Hvem klarede sig bedst? Hvem demonstrerede, at de havde den rette plan for Danmark?

Man kunne håbe, at de timelange dueller med mere eller mindre legitime skudvekslinger ville gøre os klogere på svaret. Hvorfor skulle vi ellers sidde foran skærmen? Meget peger dog på, at vi ikke bliver stort klogere. Hver gang en af de politiske dueller er overstået, er mønsteret i kølvandet det samme: De, der allerede var tilhængere af Lars Løkke forud for duellen, synes, at han gjorde det bedst. De, som forud for duellen var tilhængere af Helle Thorning, synes, at hun gjorde det bedst. Vi slutter os til, at netop vores foretrukne kandidat klarede sig bedre, var mere troværdig og havde den bedste plan for fremtiden.

LYTTER MAN til begrundelserne, bliver man dog hurtigt i tvivl om, hvorvidt folk overhovedet har overværet den samme duel. Der er som hovedregel lysår mellem vores oplevelser af en tv-duel: »Lars Løkke vandt overbevisende, og Helle Thorning var direkte pinlig ...« skriver én, mens en anden skriver: »Helle vandt klart, Løkkes manglende evner til at styre økonomien blev udstillet ...«. Men hvordan kan opfattelserne af én og samme begivenhed ende med at være så forskellige? Og hvorfor synes man altid, at ens favoritkandidat klarede sig bedst?

Nu kunne man umiddelbart tro, at forklaringen findes i, at folk er irrationelle rodehoveder eller bevidst søger at påvirke, hvad andre skal konkludere. Der findes imidlertid en videnskabelig forklaring på fænomenet, der er bedre end den, at modparten altid er en dårlig taber eller politisk analfabet. Denne forklaring peger desværre på, at det er os selv, der er roden til problemet.

Forklaringen findes inden for moderne psykologi og erkendelsesteori og tager udgangspunkt i det faktum, at vi ikke tænder for fjernsynet som blanke tavler, men derimod ankommer med en lang række faste overbevisninger og forventninger. Herefter leder fornuften − koblet til tv-duellens setup − til en række velkendte psykologiske og social-psykologiske fænomener, der får os til at ignorere ellers relevante informationer, som strider mod disse overbevisninger og forventninger.

Allerede for godt 2.500 år siden skrev Thukydid, at det er en menneskelig vane at bruge overlegen fornuft til at ignorere det, vi ikke ønsker at indse. I dag er denne psykologiske tendens underbygget af en række klassiske eksperimenter. Eksperimenterne viser, at når vi skal tage stilling til information eller holdninger, vi på forhånd ikke bryder os om, vender vi enhver tænkelig sten efter grunde til at forblive afvisende. Det, vi ikke ønsker at høre, bliver med andre ord udsat for enhver tænkelig kritik og skepsis, hvilket står i skærende kontrast til den måde, hvorpå vi behandler informationer, der stemmer overens med det, vi allerede tror eller håber på; her leder vi i stedet efter historier og erfaringer, som bekræfter vores mening.

HERTIL KOMMER, at vi allerede forud for debatten opfatter os selv som nogle med omfattende grunde til at tro på det 'verdensbillede', vi lander med foran skærmen − og ethvert vidnesbyrd, der modsiger denne grundopfattelse, forekommer os at være uden tyngde og let at afvise. For langt de fleste af os handler duellernes enkeltstående debatter således ikke om et valg mellem to modstridende påstande, men snarere om en ulige kamp mellem et godt forskanset verdensbillede og en enkeltstående påstand, der ikke lige passer os, fordi det ikke passer ind i dette billede.

DISSE TO faktorer er blot to af mange psykologiske elementer, der er med til at forskyde vores forståelse af det politiske indhold såvel som politikernes præstationer i enhver diskussion. De politiske tv-dueller med deres presserende krav om at udråbe en vinder er dog med til at forstærke sådanne forskydninger ved at trække et sort-hvid-konfliktperspektiv ned over den politiske debat. Her er der ikke plads til de nuancer og alternative standpunkter, som den traditionelle inddragelse af flere partier og yderligere kommentatorer førhen gav anledning til.

I den forstand har duellen fjernet en forvirrende kompleksitet til fordel for flade og letforståelige modsætninger. Konfliktperspektivet betyder også, at enhver indrømmelse let tolkes som en svaghed – ligesom en bevægelse mod enighed falder uden for duellens journalistiske rammer. Med andre ord er de politiske tv-dueller endnu et skridt på vej mod en demokratiforståelse, hvor kun de stærke høres, og hvor demokrati betyder, at 51 procent af vælgerne må bestemme enerådigt over de resterende 49 procent, der jo alligevel er politiske analfabeter og ikke selv afholder sig fra bevidst at misrepræsentere debatters udfald og indhold.

DER ER DOG et middel mod denne kedelige tendens: Sørg for at se de politiske tv-dueller sammen med en, du respekterer, men som har en anden politisk holdning end dig selv. Det er én måde at undgå de ekkokamre på, der normalt opstår foran skærmen, når du foranlediges til at tro, at du har ret, blot fordi dine ligesindede fortolker debatten præcis som dig. Det er naturligvis ikke selvbekræftende i samme udstrækning, men du risikerer at blive klogere.

Bragt i *Politiken*, analyse, 20. januar, 2011

30. Forskerfusk og subprimelån

Vincent F. Hendricks
David Budtz Pedersen

> *Det er et fundamentalt problem, når ledelsen på Københavns Universitet gør spørgsmålet om Milena Penkowas videnskabelige snyd til en personalesag. Snyd i videnskab er ikke kun en sag mellem ledelse og medarbejder, men berører hele kollektivet af forskere, der lever på hinandens tillid. Ligesom når en bank krakker, er det ikke kun den administrerende ledelse, der må bære tabene. Det er alle, der har investeret deres tillid og penge i banken. Bobler i finansverden og bobler i videnskaben er ét og samme fedt.*

Baggrunden for krakket i Amagerbanken og tilsvarende finansielle institutter globalt, er efterhånden blevet klar: Lånefinansieret handel med finansielle aktiver og instrumenter viser sig ikke at besidde den reelle forbindelse til de ting, der formodes at sikre deres værdi. Når kreditorer efter et krak spørger, hvor meget aktieporteføljer (der ellers synes at være sikret i spredte gældsobligationer og understøttet af millioner eller milliarder af kroner optaget i pantelån) i virkeligheden er værd, er svaret, at værdien ikke er mere eller mindre, end hvad ejendommene kan sælges for. I nogle tilfælde ingenting. I andre tilfælde kun den værdi, der fremgår af bankens flotte PowerPoint-præsentationer.

Også videnskaben er et marked, hvor værdien af ethvert forskningsprojekt i sidste instans er sikret med henvisning til virkeligheden. Hvis virkeligheden ikke er som beskrevet i en forskningsartikel eller forelæsning, er forskningen ikke meget værd. En artikel, som eksempelvis hævder, at autisme skyldes vaccination af børn, eller at terrorisme alene skyldes religiøs indignation, bliver kun en god forklaring, hvis det viser at være samstemmende med hvordan verden er indrettet. På det videnskabelige marked er en sandfærdig forklaring derfor den gyldne standard.

Det akademiske marked er som det finansielle marked: Aktier sælges undertiden til priser, der er højere end deres reelle værdi. Det leder til bobler og krak. Videnskabelig snyd er et eksempel på sådanne kriser. Men hvor det på det finansielle marked er pengebeløb, der går tabt, er det i videnskaben først og fremmest tillid. Sagen om den svindel-anklagede hjerneforsker Milena Penkowa er et tydeligt eksempel.

Enhver, der forlader sig på en forsker, der snyder, eller på anden måde har sin tillid bundet til det system, hvori der finder snyd sted, må realisere sine tab. I videnskaben kan det for eksempel medføre, at en forskningsartikel trækkes tilbage. Men hvad værre er, kan det betyde, at andre artikler, der ikke er forfattet af svindleren, men som refererer til, eller forlader sig på, svindlerens resultater, ligeledes må se deres resultater problematiseret. Spredningen af mistillid kan endda gå endnu længere og skade en endnu større kreds af forskere. Det sker, hvis der opstår generel mistillid til instituttet, universitetet eller forsknings-verdenen som helhed, der underlægges nye kontrolformer eller får vanskeligere ved at opnå bevillinger.

Skadeseffekterne forplanter sig langt ud over det individ, der satte lavinen i gang, og de kan ikke forbedres ved, at forskningsledelsen stiller den enkelte forsker til regnskab. Situationen er dyster. På den ene side må vi have tillid til, at forskerne udfører deres arbejde korrekt, de færreste har ressourcer til at gå resultaterne efter, endsige kompetencer til at gå ind i detaljerne i et specialiseret forskningsområde. Det gælder undertiden også de bedømmere, der uddeler videnskabelige grader, bevillinger eller priser. På den anden side har vi intet andet valg end at genetablere tilliden, hvis den bryder sammen.

Som det ses i både finans- som forskningsverden, så er succes individuel, mens krise er kollektivt anliggende. Kollektivet må afbøde for individets svindel og træffe de fornødne foranstaltninger for at genetablere tilliden. Her vil nye, udefrakommende kontrolinstanser være ringe hjælp. Bedømmelsesprocedurer og tillid i videnskaben er pr. definition meget følsomme over for snyd, overdrivelser og gråzoner, hvor forskningsresultater tages til indtægt for mere, end de viser. Men den interne fagbedømmelse er den bedste af de mekanismer, der findes. Eller med en modificering af Winston Churchill: Fagfællebedømmelse er en af de værste beslutningsformer, problemet er, at alternativerne er langt værre.

Internationale studier viser tilmed, at der ofte sker det modsatte, når kontrollen forsøges strammet. Hvis forskersamfundet underkastes rigide former for kontrol og vurdering, vil forskerne, navnlig dem, der i forvejen er interesseret i at snyde, hurtigt finde nye måder at omgå systemerne på. Det kender vi fra internettets verden, hvor hackere konstant er i kamp med nye antivirusprogrammer og omvendt. Resultatet er et massivt ressourcespild for både administratorer og forskere. I stedet for at eliminere mistilliden, forplanter skaden sig til endnu flere grene i systemet.

Videnskabelig snyd er imidlertid kun et ekstremt eksempel på denne situation. Andre lignende eksempler, der ligger i gråzonen, opstår, når forskere ønsker at presse bestemte resultater eller forskningsområder imod større prestige. På grund af den ressourcekamp, som i dag foregår på universiteterne, kæmper alle forskere og forskningsområder med hinanden om at tiltrække forskningsmidler, medieomtale og studerende. En effektiv strategi kan være at presse argumenterne og resultaterne helt til grænsen, og nogle gange over ud over kanten.

Et kendt eksempel er, når nye prestigevidenskaber bryder frem og hævder, de kan beskrive og forklare alt, hvad tidligere videnskaber ikke har formået. Her opstår risikoen for videnskabelige 'subprimelån'. Neurovidenskaberne hævder f.eks. undertiden, at de om få år vil være i stand til at forklare al menneskelig handling, intentioner, moral og æstetisk sans. Det er stærkt usandsynligt ud fra enhver berettiget henvisning til disse videnskabers nuværende forklaringskraft. Alligevel er det effektivt at presse aktierne i neurovidenskaben op. Det giver flere penge mellem hænderne på forskerne, selv hvis det senere viser sig at være en boble.

Det bedste middel imod snyd, overdrivelse og urealistiske forventninger, der alle har det til fælles, at de fraviger robuste finansielle eller videnskabelige forklaringer, er at undgå for store udsving. Mistillid i det finansielle marked er et af de største problemer, der opstår efter en boble. Det har ikke kun virkning på de finanshuse og aktiehandlere, der pressede værdierne kunstigt op og som skabte en overvurdering. Det har konsekvens for den samlede finansielle struktur, hvor konsekvensen er, at reelle værdier efterfølgende bliver undervurderet. Tyskland har til eksempel haft det laveste udsving i boligpriser før og efter finanskrisen, og er samtidig kommet hurtigt ud af krisen. Man kan antage, at det tyske system har haft en stærk tillidskultur og mådeholdenhed indbygget, der hurtig har kunnet restaurere tilliden med positiv indvirkning for den videre handel.

Når man presser antallet af rotteforsøg op i en forskningsartikel eller doktorafhandling, som Penkowa står anklaget for, er det et forsøg på at forøge artiklens pålidelighed og signifikans. Men viser det sig at være et falsum, er det ikke kun svindleren, der bærer tabet. Det udløser et krak, der får systemiske konsekvenser. Ligesom en holdbar finanspolitik er det bedste værn mod sådanne kaskadeeffekter, så skal der skabes mekanismer, der tilskynder til mådehold og saglighed.

Videnskab er en sårbar proces. Det viser Penkowa-sagen tydeligt. Skatteydere og politikere må sidde tilbage og tænke, hvordan sagen kunne komme så vidt. Men sagen er uløselig. Den viser os et fundamentalt træk ved en række af de avancerede vidensfællesskaber, vi alle er medlemmer af i det moderne videnssamfund, nemlig at tillid er nødvendig og ikke kan erstattes med kontrol. Det bedste vi kan gøre som forskersamfund, er at gøre os fortjent til den respekt og tillid, der udvises fra det omgivende samfund, og konstant være os forpligtelserne bevidste.

Politiken, 20. februar, 2011

31. Når demokratisk koordination bliver skrøbelig

David Budtz Pedersen
Vincent F. Hendricks
Frederik Stjernfelt

> *Den journalistiske regel om kildebeskyttelse er et sekundært gode i et velfungerende demokrati: uden et robust demokrati er der ingen kildebeskyttelse, fordi kildebeskyttelsen hviler på forudsætninger, som demokratiet selv realiserer. Ophører disse forudsætninger, ophører selve det demokratiske grundlag for samfundets institutioner, herunder den frie presse.*

Det sker fra tid til anden, det er netop sket igen, og det er hverken kønt eller sundt når det sker: Reglerne bliver tilsidesat i det sociale koordinationsspil, vi kalder demokratiet. Hvad det politiske motiv kan have været i sagen om Troels Lund Poulsens tidligere spindoktor synes klart. Hvad vigtigere er, kan sagen lære os noget om, hvorfor vi må beskytte de demokratiske grundregler og hvorfor selv små afvigelser fra reglerne kan sætte den samlede koordination under pres.

Frihed fra korruption og usandhed er helt basale principper for et demokratisk koordineret fællesskab. Forbryder man sig mod de grundlæggende regler for ansvarlighed og ærlighed i forvaltning og politik, spiller man ikke længere det demokratiske koordinationsspil. Og det er nok så slemt, når man som folkevalgt politiker netop er indsat som den lovgivende instans, der skal sikre, at deltagerne i demokratiet spiller efter demokratiske regler. Det gælder for de folkevalgte politikere som for embedsapparatet og regeringer i almindelighed.

De historiske erfaringer med politiske styreformer, som vi i dag ønsker hen hvor græsset ikke gror, som oligarkier, timokratier eller monarkier, er betragteligt større end vores erfaringer med at konfigurere og efterleve demokratiske retningslinjer. At vælge demokratiet som styreform er noget, der er enestående for mennesket – demokrati findes selvsagt ikke blandt myrer eller narhvaler. Men med omkring 200.000 år som homo sapiens, og godt 50.000 år med de adfærdsmæssige egenskaber som mennesket i dag kendes ved, går vores erfaringer med demokratisk koordination højst et par tusinde år tilbage. Selv i det antikke Grækenland var der ikke et demokrati i den forstand, vi i dag kender, men nærmere et oligarki, altså en herskende klasse, der stemte efter visse parlamentariske forordninger. Det moderne demokratiske tankesæt hører først og fremmest Oplysningstiden til; det er blot nogle få århundreder siden, at disse tanker, principper og spilleregler for indsigt, dannelse, frihed, lighed og retssikkerhed blev formuleret og endnu kortere tid siden de blev realiseret. Ret beset er menneskets erfaring med demokrati altså svært begrænset. De demokratiske spilleregler er fra i går, og så meget desto mere er der grund til at værne om dem, for erfaringshorisonten er kort og konstruktionen skrøbelig over for dem, der bryder reglerne.

I sit nye hovedværk, *The Origins of Political Order*, henviser Francis Fukuyama til, at korruption er en lurende fare i ethvert statsapparat på grund af menneskets konstant lurende tilbøjelighed til at favorisere sig selv og sine nærmeste. Derfor er bekæmpelse af korruption, opbygning af tillid og udvikling af fælles institutioner al statsdannelses første lov. En grundlæggende præmis for demokratiet er, at vi forstår, hvordan demokratiet virker som social koordination. Koordinationsspil virker som oftest derved, at man enten har et godt kendskab til sine medmenneskers strategi og således kan supplere eller imødegå dem for at maksimere sin personlige nytte – eller ved at man indser, at det største udbytte for alle bedst opnås ved samarbejde og koordination. Det sidste er en lektie lært fra, hvad beslutningsteoretikere kalder "fangernes dilemma": den enkelte spiller eller borger erkender, at maksimering af egennytte nemt kan give anledning til styreformer, der mildt sagt er demokratisk tvivlsomme, og som oftest undertrykker individet – med mindre selvfølgelig man sidder i toppen af oligarkiet eller selv er regenten. Det er i sagens natur kun de færreste, og netop det kan kaste lys over, hvorfor demokratiet er at foretrække for langt de fleste. Kort sagt bliver nytten for alle større ved samlet koordination og samarbejde.

Prisen er, at vi alle må afgive en lige del af vores suverænitet til samfundets institutioner. Det forpligter forvalterne af magten på omhyggeligt at respektere de fælles regler. Som Churchill sagde. "Demokratiet er den værste styreform, bortset fra alle de andre, der er afprøvet fra tid til anden". Demokrati er et svar på et grundlæggende koordinationsproblem. Evnen til at institutionalisere normer for tillid, objektivitet og upartiskhed er demokratiets vigtigste pejlemærker. Uden disse er ingen demokratisk koordination mulig. Så når nogle spillere – især dem der definerer spillets regler som ministre, særlige rådgivere og embedsmænd – begynder at praktisere usandhed og korruption, svarer det til at slippe en løve fri i et gazellehabitat.

Derfor skal man reagere øjeblikkeligt og med de stærkeste parlamentariske sanktioner, når enkelte spillere eller større konsortier begynder at omdefinere spillereglerne. Det sker, når man indskrænker ytringsfrihed, forvrider valgprocedurer eller, som det angiveligt er tilfældet i den aktuelle sag, overtræder loven med henblik på påvirkning af et valgresultat. Magtmisbrug fører til organiseret mistillid, der spreder sig i en kaskade igennem det sociale system. Det er grunden til, at den journalistiske hovedregel om kildebeskyttelse kan tilsidesættes i den aktuelle sag. Kildebeskyttelse er et gode, som bidrager til den frie presses arbejdsbetingelser og muligheden for, at whistleblowers kan afsløre kritisable forhold uden at de kommer personligt i fare. Men dette gode er underordnet et endnu vigtigere gode: friheden fra magtmisbrug og korruption i statslegemet. Det sidste er et af de afgørende punkter, hvor Danmark endnu ligger i den internationale top. Uden et robust demokrati er der ingen kildebeskyttelse, præcis fordi kildebeskyttelsen hviler på de samme forudsætninger, som demokratiet realiserer – sandfærdighed, retssikkerhed og tillid. Ophører disse egenskaber, ophører selve det demokratiske fundament for samfundets institutioner, herunder den frie presse.

Bragt i *Politiken*, 9. december, 2011
under titlen "Derfor er demokratiet så skrøbeligt"

30. Epistemisk terrorisme

Demokrati som epistemisk terror eller
epistemisk luksus?

Vincent F. Hendricks
David Budtz Pedersen

> *Epistemology seems to enjoy an unexpectedly glamorous*
> *reputation in these days. A few years ago, William Safire*
> *wrote a popular novel called The Sleeper Spy. It depicts a*
> *distinctly post-Cold War world in which it is no longer easy*
> *to tell the good guys—including the good spies—from the*
> *bad ones. To emphasize this sea change, Safire tells us that*
> *his Russian protagonist has not been trained in the military*
> *or in the police, as he would have been in the old days, but*
> *as an epistemologist. – Jaakko Hintikka (2007)*

Der er mange måder at indrette en stat på – man kan vælge et monarki, et tyranni, et despoti, eller, som det har været traditionen i den vestlige verden siden oplysningstiden, et demokrati. At foretrække demokrati som den bedste måde at indrette en stat og et samfund på er basalt set et standpunkt, en holdning, men det gør ikke alt, hvad der foregår i det pågældende demokrati til et standpunkt, en holdning eller et subjektivt synspunkt. I ethvert demokrati følger en række kendsgerninger [Budtz Pedersen & Hendricks 10].

Demokratiet har altid haft vanskeligt ved at håndtere kendsgerninger. Dette problem hidrører fra den årtusindelange adskillelse mellem værdier og fakta. Som den tidligere amerikanske senator og sociolog Daniel P. Moynihan er berømt for at have udtalt:

> "Du har ret til dine egne holdninger, men du
> har ikke ret til dine egne kendsgerninger."

En række tendenser de senere år tyder imidlertid på, at den veletablerede sondring mellem værdier og kendsgerninger er under angreb. Det er blevet en politisk, ideologisk og religiøs strategi at undergrave kendsgerninger eller immunisere sig fra de institutioner, der har til opgave afdække kendsgerninger. Anerkendes, at distinktionen mellem kendsgerninger og normer er fundamental for demokratiet, kan disse angreb betragtes som udtryk for *epistemisk terrorisme*; dvs. som forsøg på at omstyrte eller delegitimere cirkulationen af kendsgerninger og viden i demokratiet. Herunder den særlige tendens, som betegnes forsøget på at *demokratisere* kendsgerninger – et forsøg, der grundstøder egne præmisser.

Demokratier er epistemisk "skrøbelige", da de tillader en udstrakt grad af frihed til at problematisere kendsgerninger, heriblandt brug af metoder og kampagner, der har en undergravende effekt for tiltroen til kendsgerninger. Da demokratiet samtidig er den eneste legitime samfundsform, der opfylder vore stærkeste forventninger om det retfærdige samfund kan det konkluderes, at kendsgerninger er et luksusgode i demokratiet. Demokrati er en *epistemisk luksus* forudsat, at der installeres de rigtige mekanismer og institutionelle arrangementer, som bevarer forståelsen og respekten for kendsgerninger, sandhed og viden samt deres rolle i den demokratiske beslutningsproces.

En række samfundsmæssige institutioner sigter mod at skabe en situation, hvor viden lægges frem i form af kendsgerninger (uanset, at der undertiden er rivalisering mellem forskellige teorier og metoder); biblioteker, offentlighedsloven (aktindsigt mv.), presse og medier, offentligt finansieret forskning, Wikipedia, mv. Nogle af disse institutioner sigter mod kun at give en betinget adgang til viden såsom patentsystemet eller andre intellektuelle ophavsrettigheder.

I mange tilfælde har vores viden kollektiv karakter. Kollektive videnprodukter frembringes ved, at mange individer hver for sig erhverver viden og deler den med hinanden igennem samarbejde og koordination. Videnskabelige resultater er som hovedregel kollektive vidensprodukter, men også viden, der distribueres i medierne kan være det. Hvor der i den social-epistemologiske forskning er mange eksempler, der viser det frugtbare i en sådan koordination mellem agenter, er der samtidig situationer, hvor den frie og åbne koordination bliver problematisk. Det være sig for eksempel dannelsen af ekkokamre eller situationer, hvor den frie koordination gør spredningen af viden sårbar for ideologiske antagelser, der klæder sig som kendsgerninger.

WIKIPEDIA

Internatleksikonet *Wikipedia* fejres ofte som et ideal for den kollektive efterprøvning og kvalifikation af viden i et åbent og ligeværdigt læringsmiljø. Grundantagelsen er, at den åbne proces, hvori enhver person med passende indsigt i området frit kan bidrage til det enkelte leksikonopslag, kvalificerer den samlede vidensbeholdning og skaber en selvkorrigerende mekanisme, hvor virtuelle fagfæller konstant går hinanden efter i sømmene. En epistemisk udgave af demokratiets checks-and-balances.

Kendsgerningerne er naturligvis ikke demokratiske i den forstand, at de enkelte bidragydere kan stemme om dem. Men Wikipedia er en åben og demokratisk platform, der forudsætter, at kvaliteten og relevansen af det enkelte opslag forbedres i takt med mængden af korrekturer.

Undertiden viser det sig imidlertid, at visse brugere bevidst forsøger at cirkulere ukorrekte antagelser og etablere dem som sandheder. Disse brugere fungerer som et eksempel på epistemiske terrorister; de forsøger at dreje sandheden om et givent forhold til deres fordel, eller i andre tilfælde at problematisere sandheden om et givent forhold i en grad, der gør tilhængere af det etablerede synspunkt i tvivl om dets robusthed.

Kendte eksempler er opslag om global opvarmning, hvor tekniske data og begreber udsættes for tvivl, eller hvor ekspertuenighed fremstilles af modstanderne som udtryk for substantielle uenigheder, der gør kendsgerningerne upålidelige.

Her er et andet eksempel, der tydeliggør de mulige totalitære tendenser i brugen af denne type epistemisk terrorisme. For nylig indledte det nationalistiske regime i Ungarn en politiundersøgelse af en af sine mest fremtrædende kritikere, den verdenskendte filosof Agnes Heller, der i

2006 fik den fornemme danske Sonningpris. Heller og flere andre filosoffer blev anklaget for at have misbrugt EU-midler, afsat til humanistisk forskning. Siden magtskiftet i Ungarn i fjor, hvor Viktor Orbans nationalistiske parti fik absolut flertal i parlamentet, har Heller i de skarpeste vendinger kritiseret regimets stadig mere enevældige magtposition [Wivel 11]. Bevillingen, som Heller er anklaget for at have misbrugt, er fordelt mellem flere forskergrupper og projekter i Ungarn. Men kun Heller og hendes nære kolleger står anklaget for misbruget.

Ugen efter anklagen blev rejst, var Wikipedia-artiklen om Heller ændret, så man kunne læse, at hun havde bedraget sit land for et astronomisk millionbeløb. Det blev fremstillet som en afsluttet sag og som en kendsgerning. Hellers politiske modstandere havde med andre ord taget Wikipedias troværdighed og pålidelighed i brug som redskab til at undergrave hendes politiske position og sprede antagelser om hendes påståede ringeagt som person.[1]

Den grundlæggende Wikipedia-ide anholder således et mere principielt spørgsmål om hvilken sammenhæng, der består mellem masserne, kendsgerningerne og i sidste instans sandheden. I modsætning til Platon – der var meget betænkelig ved eksempelvis demokratiet fordi, hvad der er sandt ikke kan afgøres ved en flertalsafstemning, eller hvad masserne nu engang tilfældigvis måtte føle, synes eller håbe – er en ny og mere nuanceret påstand den, at tager man det gennemsnitlige standpunkt som en given gruppe henholder sig til, viser det sig at være overraskende tæt på noget sandfærdigt.

I 1785 publicerer Marquis de Condorcet *Essay on the Application of Analysis to the Probability of Majority Decisions*. Bogen indeholder et teorem, der siden hen har fået betegnelsen Condorcets juryteorem. Teoremet hviler på en række antagelser. Antag, for det første, at folk besvarer det samme spørgsmål, hvor der er to mulige svar – det ene svar er sandfærdigt, det andet et falsum. Antag, for det andet, at sandsynligheden for, at hver af de adspurgte vil svare korrekt er over

---

[1] Senere samme dag blev denne bemærkning igen ændret af de officielle observatører, der holder opsyn med Wikipedia-opslagene.

50% - marginalt over 50% er godt nok. Condorcets teorem kundgør nu, at sandsynligheden for, at majoriteten af den adspurgte gruppe giver et korrekt svar, stiger støt mod 100% i takt med, at antallet af adspurgte stiger. Under forudsætningerne, at en majoritetsregel tages i anvendelse og hver af de adspurgte har mere end 50% chance for at svare korrekt, så siger teoremet, at individer klarer sig dårligere end grupper, når det gælder om at nå det korrekte resultat, og jo større gruppen er, jo mere konvergeres er der mod det sandfærdige resultat.

Teoremet er uafhængigt af hvilken gruppe individer man ser på, så det er ligeså anvendeligt på religiøse organisationer og frikirker som på multinationale børsselskabers bestyrelser. Teoremet har antageligvis også en betydning i for eksempel Folketingssalen; hvis der er mere end 50% sandsynlighed for, at hver repræsentant for folkestyret har den korrekte indstilling, så er sandsynligheden for, at majoriteten har den korrekte indstilling i vedtagelsen af lovforslag, udformning af politiske erklæringer etc., meget høj. Condorcet's juryteorem er et teknisk resultat, der ofte antages at støtte selve ideen om demokratiet som den bedste styreform og massernes konvergente forbindelse til sandheden. Wikipedia er inkarnationen af Condorcets juryteorem for cyberspace-opslagsværker [Hendricks 10], [Hansen & Hendricks 11].

Teoremet har imidlertid en betragtelig slagside, hvis man blot vender én af antagelserne omvendt: Antag, at hver af de adspurgte har mere end 50% sandsynlighed for at svare forkert frem for korrekt (mens antagelsen om majoritetsreglen forbliver uændret). I så fald vil sandsynligheden for, at majoriteten når det korrekte svar gå mod 0 i takt med, at der kommer flere og flere til! Det er knap så god en nyhed. Der er i øvrigt intet, som tyder på, at det gennemsnitlige svar for en stor gruppe er korrekt. Værre endnu måske er, at selv en lille gruppe med adgang til de rette "demokratiske" informationskanaler som Wikipedia kan terrorisere kendsgerningerne, præcis som det skete i Heller-sagen.

BLOGOSFÆREN

Et andet eksempel på den tendentielt undergravende effekt af en åben og fri kommunikationsform stammer mere generelt fra blogosfæren. Ytringsfrihed og adgang til frie kommunikationsmidler anses som en væsentlig og ufravigelig del af demokratiet og det rettighedskompleks, der tilskrives individet i demokratiske samfund. Den udstrakte demokratiske debatkultur, herunder brugen af sociale medier som nettet, er ofte blevet fejret under idealet om det "deliberative" (drøftende) demokrati.

I de seneste år er det blevet stadigt mere udbredt i den vestlige verden og ikke mindst i toneangivende politologiske og sociologiske studier at fejre idealet om det drøftende demokrati. Antagelsen er, at deltagelse og samtale baseret på fornuftig og meningsfuld kommunikation mellem mennesker, hvad enten de har fælles eller konkurrerende holdninger, er med til at gøre demokratiet på en gang mere favnende og samtidig robust. Argumentet bygger på, at den demokratiske offentlighed ved at lade alle berørte parter komme til orde ikke kun skaber et mere oplyst grundlag for politikerne at handle ud fra, men samtidig skaber større demokratisk legitimitet og sindelag.

Den amerikanske juraprofessor og rådgiver for præsident Obama, Cass Sunstein, undersøger i sin seneste bog, *Going to Extremes* (2009), hvorvidt drøftelse nu altid er godt for demokratiet. Eller om drøftelse kan være demokratisk undergravende i den forstand, at de drøftende fællesskaber i visse tilfælde gør medlemmerne mere ekstreme, end de var i forvejen.

Sunstein fremfører en mængde resultater fra socialpsykologi, der viser, hvordan ligesindede, der befinder sig i en gruppe, ofte begynder at drøfte de ting, de har til fælles, hvorved gruppens fælles synspunkt kan forskydes i mere ekstrem retning, eller polariseres, jo mere drøftelse pågår. Gruppen kan ved retmæssige gentagelser af "polariseringsspillet" komme til at befinde sig i, hvad Sunstein kalder et "ekkokammer". Den kontroversielle påstand er, at en person ved at opsøge informationskilder eller meningsfællesskaber, som vedkommende umiddelbart sympatiserer med, f.eks. politiske partier eller religiøse grupper, ofte vil blive mødt af andre personer med samme sympatier og antisympatier. Over tid forskyder gruppen som helhed sig derfor i en mere ekstrem retning i forhold til medianen af synspunkter hos medlemmerne før deres indtrædelse i gruppen [Budtz Pedersen 2010].

Det gælder såvel demokratiske vælgere, der debatterer dagsaktuelle politiske emner, som det gælder klimaskeptikere, religiøse ekstremister, eller direktørerne i en bank, der bliver enige om at give hinanden bonusordninger, der for enhver udenforstående virker urimelige. Andre eksempler kunne være debatten om muslimer i Danmark eller hadegrupper på Facebook, hvor medlemmerne bekræfter hinanden i et had til en bestemt person, politik, social gruppering osv.

Centralt for dette fænomen er, at det betjener sig af det drøftende demokratis normer for debat og vidensdeling. Men at det samtidig kan føre til ekstremisme. Dette er ifølge Sunstein et robust problem. Selektiv informationssøgning og drøftelse af kendsgerninger blandt ligesindede kan føre til cirkulation af forkerte antagelser og kendsgerninger. Den proto-demokratiske proces, der udspiller sig på blogs og andre internetfora får dermed negative konsekvenser for deltagernes mulighed for at selektere information.

I en række tilfælde vil agenten søge den information, der bekræfter vedkommende i sit forehavende rettere end den information, der udfordrer vedkommende i sin "teori". Resultatet er, at tilhængere af teorien lettere identificerer sig med hinanden og udveksler (fejlagtige) informationer og immuniserer sig fra kognitiv dissonans – Sunsteins eksempel er konspirationsteorier [Sunstein & Vermuele 09: 110-111].

Grupper, der samler sig om politiske ideologier eller religiøse ideer, kan let fungere som ekkokamre. Det mest skræmmende eksempel er naturligvis islamistisk terrorisme, hvor informationsdynamikker, der fremmer ekstremisme, spiller en stor rolle. Studier viser eksempelvis, at flere al-Qaeda lignende terrornetværk er begyndt med afsæt i blogosfæren.

Polarisering er ikke en nødvendig konsekvens af, at mennesker samles om en sag, et standpunkt, eller fællesinteressen for Sögreni cykelstel. Fænomenet, i særdeleshed når man har øje for demokratispørgsmålet og demokratiske institutioner, er i vid udstrækning betinget af, hvorvidt folk anser sig selv som en del af den samme sociale gruppering eller stand som andre medlemmer. En følelse af marginaliseret fællesidentitet og solidaritet kan på den ene side gøre forskydningen mere radikal, men hvis den marginaliserede fællesidentitet og solidaritet, på den anden side, er fraværende, kan det enten reducere forskydningen eller helt opløse den. Dertil kommer, at drøftende grupper har tendens til at depolarisere, når de er opbygget af delgrupper, der er lige stærke i deres (modsat)rettede overbevisninger, og hvis medlemmer kan udvise fleksibilitet.

Det er ydermere en statistisk kendsgerning, at nogle grupper ikke polariserer, men ender med et samlet standpunkt midt på den gyldne middelvej på trods af intens drøftelse internt. Hvis de, der forsvarer den oprindelige standpunktstendens er umulige at overtale til noget andet og mere, så opstår polarisering næppe. I den forbindelse kan der være eksterne omstændigheder, som modarbejder gruppepolarisering. Medlemmer af en given gruppe, der har meget klare og veldefinerede standpunkter om alt fra ytringsfrihed over abort eller fremmedhad til sekularisme kan sagtens være disponerede for at ville polarisere, men alligevel ikke gøre det. For at kunne opretholde en bestemt politisk dagsorden eller troværdighed kan gruppemedlemmer finde på at være relativt moderate i deres udmeldinger både i den offentlige sfære som privat. Det kan betyde, at grupper, der er startet med at polarisere mod det ekstreme kan ende i midterfeltet, fordi midterfeltsstandpunktet er et bedre middel til at promovere og fremmane en ønsket politisk, social, økonomisk eller kulturel legitimitet. Depolarisering findes således i mange sammenhænge, og drøftelse uden forskydning kan sagtens forekomme. I den forstand er Pia Kjærsgaards deklaration om at gøre Dansk Folkeparti "stuerent" et kærkomment tiltag, der, om end lidet troværdigt, i det mindste til tider formår at stække den åbenlyse og offentlige polarisering mod det højreorienterede bagland [Hansen & Hendricks 11].

Ekkokammereffekten i cyberspace kan beskrives således: Præmissen om en demokratisk elektronisk offentlighed bryder sammen, når nettet fragmenteres i uigennemtrængelige rum som netfora, der ikke modereres af fornuftige eller vidensbaserede institutioner eller debatregler, eller som i blogosfæren koncentrerer tilhængerne af en bestemt konspirationsteori eller politisk ideologi i et lukket kommunikativt rum.

Igen ser man, hvordan fundamentale demokratiske mekanismer som ytringsfrihed og kommunikationsfrihed under visse betingelser bliver epistemisk skrøbelige. Det betyder ikke, at de ikke er politisk og moralsk robuste, men at vores epistemiske forståelse af deres uintenderede effekter må monitoreres. Naturligvis har enhver politisk debattør eller religiøs tilhænger ret til at se bort fra tungtvejende evidens inden for et relevant domæne. Det problem, vi her gør opmærksom på, stammer fra den skrøbelige situation, der opstår, hvis direkte forkerte antagelser og formodninger, bevidst eller ubevidst, transmitteres i en i øvrigt demokratisk offentlighed som blogosfæren. Friheden til at samle og ytre sig efter overbevisning er en central forudsætning for det liberale demokrati. Selvom det i visse tilfælde kan føre til ekstremisme, må man være særdeles påpasselig med at tillempe denne maksime.

INFORMATIONSSAMFUNDET VS. VIDENSREGIMENTET

I visse dele af socialvidenskaben findes et ofte gentaget ønske om at *demokratisere* viden og videnskab og gøre forskerne mere ansvarlige over for samfundet. Dette synspunkt har en række lighedspunkter med socialkonstruktivismen. Socialkonstruktivismen fører i denne version let til en form for relativisme. Det giver ikke mening at tale om, at visse undersøgelsesmetoder eller videnskabelige modeller er mere eller mindre pålidelige. Hvad der anerkendes som de rigtige undersøgelsesmetoder, er relativt til den sociale kontekst, hævdes det [Latour & Woolgar 79], [Shapin 95]. Konsekvensen af denne betragtning er, at der ikke er grund til at fremhæve én videnskabelig metode frem for andre og derfor intet grundlag for at tildele videnskabelige eksperter en privilegeret epistemisk rolle i demokratiet [Kappel 10].

Resultatet af en sådan relativisme er imidlertid ikke, som det undertiden forstås, en frigørelse fra det videnskabelige samfunds uberettigede tyranni over befolkningen, men rettere, at vi i den demokratiske beslutningsproces ikke er i stand til at sondre imellem kendsgerninger og fordrejninger. Totalitarisme baseret på en særlig stærk videnskabeliggørelse af det politiske felt kan undgås på mange andre måder – som f.eks. ved at sondre imellem anbefalinger og beslutninger eller kendsgerninger og normer.

Den demokratiske offentlighed fratages derimod et vigtigt magtkritisk instrument, dersom vi ikke anerkender tilstedeværelsen af kendsgerninger. Hvis henvisninger og ekspertudsagn om virkelighedens beskaffenhed er irrelevante eller blot konstruerede, har vi intet værn imod dogmatisme eller konservatisme. Og såfremt vi ukvalificeret henviser til en demokratisk procedure for afklaring af disse kendsgerninger, risikerer vi, at den eller de personer, der umiddelbart præsenterer deres "kendsgerninger" mest overbevisende, får vores støtte – ikke de personer, der anvender de mest pålidelige metoder [Lynch 11]. På dette punkt synes konstruktivismens forslag om at demokratisere viden at grundstøde egne præmisser; viden kan ikke demokratiseres i den forstand, at kendsgerninger skal forhandles demokratisk. Derimod bør demokratiske beslutninger, der hvor det er relevant, respektere videnskabelige kendsgerninger [Turner 03].

Magthavere og partsinteresser kan have interesse i at fordreje sandheden, men som Philip Kitcher har gjort opmærksom på, er alternativet til denne fordrejning ikke en mobilisering af tilsvarende forkerte kendsgerninger, der eventuelt fremstår mere socialt acceptable. Svaret er derimod at vise, præcis på hvilke punkter de formodede kendsgerninger er forkerte og fremskaffe en bedre forklaring af det pågældende sagforhold – for eksempel ved at delegere denne opgave til eksperter [Kitcher 01: 52].[2]

Til forskel fra tilgange, der har til opgave at fremme en bestemt ideologisk dagsorden eller politiske programmer, betjener videnskaben sig af systematiske undersøgelser af domæner af virkeligheden ved brug af pålidelige metoder.

---

[2] Ideelt set er dette præcis hensigten med peer review-systemet i videnskaben. Ideen er at kvalificere de fremsatte videnskabelige påstande, for eksempel i artikler, fondsansøgninger og andetsteds, efter de bedste internationale standarder. Når partsinteresser modsat får overvægt i krydsfeltet mellem politik og videnskab, opstår anklager om snyd og svindel (som f.eks. i sydkoreansk stamcelleforskning), politisk brug og misbrug af statistik (Lomborg-sagen), anklager om økonomisk indflydelse på forskning (Astrup-sagerne) eller tilbageholdelse af resultater af videnskabelige undersøgelse (f.eks. af tyggegummis cariesforebyggende effekt som i Dandysagen).

Det kan meget vel være at informationsindsamling, informations-selektion, informationspræsentation, etc. kan have demokratiske komponenter i sig, der i praksis er implementeret i for eksempel Wikipedia, blogosfæren eller andetsteds. Men det gør ikke denne information til viden, for viden har i modsætning til information, et sandhedskrav knyttet til sig.

Viden er således ikke noget man *indsamler*, det er noget man *opnår* og netop derfor kan man ikke sætte viden lig information. Som William Pollard engang har sagt:

> "Information er en kilde til at lære. Men med mindre den er organiseret, processeret, og tilgængelig til de rette mennesker i et format, der leder til beslutningsdygtighed, så er det en byrde, ikke et gode."

Tilsvarende, har grundlæggeren af Lotus Development Corporation, Mitchell Kapor sagt :

> "At få information ud af internettet er lidt ligesom at drikke en tår vand fra en brandhane."

Heri ligger ligeledes, at selvom det aldrig har været så let at indhente information som det er i dag, så følger det langt fra, at de nødvendige beslutninger er blevet lettere at træffe, eller at oplysning kan tages for givet. Organisering, processering og formatering af information med henblik på vidensbaseret beslutningsdygtighed kræver både værktøjer, virkelyst, vurdering og vovemod. Har man derfor kun lette informationsindsamlere, og ingen tunge vidensprocessorer, til rådighed, når man som borger navigerer rundt i informationssamfundet, så har man stillet sig i en situation, hvor det eneste middel man har mod hovedpine, er at skære hovedet af – det virker måske, men ikke efter hensigten.

DEN EPISTEMISKE LUKSUSVARE

Forudsætningen for et robust demokrati og velfungerende demokratiske processer er, at man har tilstrækkelig viden til at foretage de korrekte valg, træffe de rigtige beslutninger, handle på den bedst mulige måde. Information alene er ikke nok, for informationen kan være fejlagtig og man kan blive snydt med information. Ekkokamre og polarisering er resultater af *informationsselektion*, imens eksempelvis et fænomen som *rammeeffekter* skyldes *informationspræsentation*. Hvis folk bliver bedt om at vælge mellem to (eller flere) alternativer, som de er fuldt informerede om, og hvor de to alternativer giver anledning til samme nettoresultat, så kan deres beslutning i sidste instans påvirkes af, hvorledes de alternative valg *præsenteres* for dem. Hvis man kan påvirke individers valg eller beslutninger alene ved den måde valgmulighederne opstilles, selvom forskellen i valget er den samme, så kan man få mennesker til hvad som helst, inklusiv at foretage valg, der enten ikke gavner dem selv, eller er ligefrem inkonsistente [Tversky & Kahneman 81]. Det kan være en gunstig situation for enhver demagog, politiker, magthaver og meningsdanner [Hansen & Hendricks 11].

Andre social-epistemiske fænomener som *pluralistisk ignorance* og *informationskaskader* [Hansen & Hendricks 07] skyldes hverken informationsselektion eller -præsentation som polarisering og rammeeffekter, men nærmere *mængden* af information, der er til rådighed. Faren for pluralistisk ignorance opstår således, når den enkelte beslutningstager i en gruppe af individer mangler den nødvendige information for at løse et givet problem og i stedet for at undersøge sagen selv, observerer andre i håbet om at blive klogere. Men når alle andre gør det samme, observerer alle blot manglen på reaktion og slutter derfor let fra den manglende reaktion til den forkerte konklusion. Der findes således situationer, hvor den almene reaktion udebliver, hvilket præcis får den manglende reaktion til at fremstå "legitim" eller acceptabel. Pluralistisk ignorance opstår således, når den enkelte beslutningstager eller aktør ikke har information nok.

Hvor pluralistisk ignorance etableres, når den enkelte person observerer resten af gruppens reaktion som et hele, så kan manipulation via information omvendt også foregå ved hjælp af en kædereaktion. En sådan *informationskaskade* kan opstå, når personer, én efter én tager forudgående eller forbipasserende personers valg eller meninger til sig som gyldige forbilleder, når de ikke selv har tilstrækkelig viden til at afgøre sagen. Igen kan det være ganske rationelt at kompensere for sin manglende viden på denne måde, men ligesom med pluralistisk ignorance, så kan udfaldet være ganske forfærdende. Det at tage andres valg som endegyldigt vidnesbyrd kan ende med at overtrumfe den enkelte persons begrundede tvivl, sande information, fornuftige beslutning eller korrekte bedømmelse af situationen. Således kan man komme til at reproducere andres fejl eller hoppe med på en vogn, som ingen ved, hvor skal hen.

For denne betragtning kan information være ganske farligt for demokratiet [Hansen & Hendricks 11], [Hendricks 11]. Det eneste bolværk mod polarisering, rammeeffekter, pluralisitsk ignorance, informationskaskader og anden "informationsskab" er viden. Men viden er svært og hårdt at opnå.

Demokrati er en epistemisk luksusvare, der i både tanke, tale og handling skal værdsættes, vedligeholdes og værnes om, og som er meget sensibel over for de epistemiske vilkår, under hvilke information processeres. Det er derfor, erkendelsesteoretikere kan blive vor tids spioner, som Hintikka siger det indledningsvist.

DEMOKRATI OG EPISTEMISK TERRORISME
Af et demokrati følger en mængde kendsgerninger. Det kan dreje sig om alt fra magtens deling, det repræsentative parlament, en markeds- eller planøkonomi etc., og der installeres en mængde institutioner, der med øje for den dynamiske udvikling skal varetage og optimere den demokratiske grundstruktur, som vi holdningsmæssigt er nået til enighed om.

Mere specifikt installeres en række instanser, der udgør demokratiets objektive pejlemærker − her tænkes på ombudsmandsinstitutionen, diverse nedsatte kommissioner, Rigsrevisionen og så fremdeles. Deres opgaver består i at afdække de objektive kendsgerninger eller konsekvenser af forskellige økonomiske og juridiske spørgsmål eller andre forhold, som den demokratiske styreform giver anledning til. Der stilles strenge krav til disse institutioner om upartiskhed og ofte endog videnskabelig redelighed netop for at sikre, at hvad der følger af den valgte styreform, ikke blot er noget man efter forgodtbefindende kan betvivle, tilsidesætte eller arkivere i skraldespanden som reklamekampagne for diverse politiske holdninger.

Imidlertid har der blandt politikere de seneste år spredt sig en tendens til at nedsætte undersøgelseskommissioner, betænkningsudvalg med videre. Kommissioner og udvalg, der har fået til opgave at frembringe og opsummere viden og evidens som grundlag for politisk handling.

Politisk rådvildhed overfor problemerne omkring kriminelle og kriminalitetstruede børn og unge, har i årevis ført til en afsporet debat om, hvordan vi får dæmmet op for ungdomskriminalitet. Af denne grund nedsatte VK-regeringen i december 2007 en Ungdomskommission, som skulle "foretage en samlet gennemgang af indsatsen mod ungdomskriminalitet og på grundlag heraf komme med indstilling om, hvordan indsatsen kan styrkes med henblik på at gøre den så målrettet og virkningsfuld som muligt". Kommission blev sammensat af videnskabelige eksperter og faglige repræsentanter fra en række organisationer med ekspertise på området (bl.a. Direktoratet for Kriminalforsorgen, Advokatrådet, Rigsadvokaten, Det Kriminalpræventive Råd m.fl.). Efter to års arbejde offentliggjorde kommissionen en knap 700 siders ekspertudredning. Rapporten var ikke politisk, men saglig. Forslagene var blandt andet rettet imod en massiv styrkelse af det forebyggende arbejde og en afskaffelse af den traditionelle straffekultur, der beviseligt ikke virker efter hensigten.

Allerede inden rapporten blev afleveret begyndte forskellige politikere at blande sig i resultaterne, heriblandt statsminister Lars Løkke Rasmussen. Regeringen ville ikke risikere en række konklusioner, der stred imod dens politiske synspunkt og fremsatte et krav om en sænkelse af den kriminelle lavalder – der klart afveg fra rapportens anbefalinger. En nedsættelse af den kriminelle lavalder var ikke blandt kommissionens forslag. Brian Mikkelsen kunne udtale, at "Vi straffer ikke af hensyn til forbryderen. Det er ikke vigtigt, om det virker i forhold til forbryderen. Det vigtige er, at det virker i forhold til offeret".

I en almindelig politisk debat kunne sådanne udsagn være helt normale og legitime. Men set i relation til den særlige kontekst, hvor politikerne netop havde bedt landets førende eksperter om at skaffe viden og evidens, virker det anstødeligt at afvise enhver sådan evidens i samme øjeblik, den foreligger. Forhenværende justitsminister Brian Mikkelsen syntes at nå frem til den konklusion, at det videnskabeligt korrekte i sig selv var en politisk holdning, og at det politisk rigtige måtte være det folkeligt rigtige: mere straf til flere mennesker.

Som eksempel på epistemisk terrorisme blev flere af de forannævnte strategier anvendt. For eksempel begyndte flere politikere at så tvivl om konklusionernes lødighed ved at gøre opmærksom på den påståede interne uenighed blandt eksperterne. Lene Espersen sagde i en debat på TV 2, at Ungdomskommissionen var splittet i spørgsmålet om sænkelsen af den kriminelle lavalder. Hun sagde, at syv havde stemt for og otte imod forslaget. Det var ikke rigtigt. Der var fire, som undlod at stemme, fordi de som embedsmænd fra centraladministrationen var inhabile. Alle, der kunne stemme, stemte imod forslaget. En lignende epistemisk strategi blev taget i anvendelse af Brian Mikkelsen, da han ville mobilisere *konkurrerende* kendsgerninger, der skulle sætte kommissionens anbefalinger i et relativt lys. I oktober 2009 sendte han et notat til Folketingets Retsudvalg om, at FN anbefalede en sænkning af den kriminelle lavalder. Det er dokumenteret, at notatet var vildledende. Det var ikke FN's anbefaling. Tværtimod [Lykkeberg 09].

Pointen er, at hvor politikere kan have fuldt ud legitime grunde til at henvise til deres politiske normer og ideologiske motiver som grundlag for parlamentariske beslutninger, fratages demokratiet et væsentligt grundlag at diskutere ud fra, hvis de etablerede kendsgerninger antastes eller beskyldes for at være politik med andre midler. Kun ved at acceptere kendsgerningerne og gøre klart opmærksom på, hvor kendsgerningers domæne ophører og det politiske domæne begynder, kan man føre legitim demokratisk politik.

Et andet eksempel. Rigsrevisionens rapport om overbetaling af privathospitaler har mange ligheder med den ovennævnte sag. Rigsrevisionen offentliggjorde i 2009 rapporten *Beretning om pris, kvalitet og adgang til behandling på private sygehuse*, der konkluderede, at Sundhedsministeriet siden 2006 vidste, at det var muligt at skaffe behandlinger på privathospitaler til en lavere pris end de takster, som daværende sundhedsminister Lars Løkke Rasmussen fastsatte i samme tidsrum. I rapporten kritiserer rigsrevisorerne Sundhedsministeriet for, at det »ikke har sikret, at de private sygehusydelser er erhvervet under skyldig hensyntagen til økonomien«. Konklusionen baserer sig især på forhandlingsforløbet, da taksterne for behandlinger under det udvidede frie sygehusevalg skulle fastsættes for 2006, og at Lars Løkke Rasmussen ignorerede, at regionerne allerede havde indgået aftaler med en række private sygehuse om at udføre behandler »til væsentligt lavere priser end de priser, ministeren fastlagde i februar 2006«. Regeringen benægtede rapportens konklusioner.

I oktober 2010 blev det afsløret, at Rigsrevisionen tillige var blevet ført bag lyset af Sundhedsministeriet, da Rigsrevisionen ikke havde fået adgang til hele det materiale man havde bedt om under sin udredning i 2009. Rigsrevisionens beretning i 2009 blev på det tidspunkt udsat for voldsom partipolitisk kritik. Sundhedsministeriets egen rapport om overtakseringen blev holdt hemmelig for Rigsrevisionen i 2009 og kom først frem i 2010. Den bekræftede Rigsrevisionens påstand om kritisable forhold i forbindelse med brug af statens midler.

Eksemplet er komplekst og viser flere forskellige problematiske facetter af det politiske liv, herunder den dynamik, hvor politikere benægter information og kendsgerninger som sandfærdige, samt den dynamik hvor de politiske institutioner bevidst forsøger at tilbageholde information: en detaljeret rapport om overbetalingen af landets privathospitaler kom aldrig videre til rigsrevisor Henrik Otbo trods løfter fra ministeriet om at han ville modtage al relevant information. Orkestreringen af kendsgerninger som politisk magtmiddel var ikke mindst tydelig, idet ministeriet først sendte den omtalte rapport til rigsrevisor *efter*, at han havde afsluttet sin undersøgelse. Dette forhold fik eksperter til at fælde en hård dom over Sundhedsministeriet for ikke at have givet rigsrevisor rapporten. I modsætning til ministeriet vurderede eksperterne, at ministeriets rapport var »ekstremt relevant« for rigsrevisor, der er en af Folketingets og demokratiets vigtigste kontrolinstanser. Både rigsrevisorloven og de forvaltningsretlige regler forpligter ministeriet til at udlevere alt, Rigsrevisionen interesserer sig for. Også selv om ministeriet ikke vurderer, at det er relevant materiale.

Denne epistemiske "transparens" i den offentlige regeringsførelse skal sikre, at demokratiet arbejder efter forvaltningslovens regler og tilgodeser borgernes retssikkerhed om ansvarlig brug af offentlige midler. Overholdes denne respekt for kendsgerninger og adgangen til relevant information ikke, er det et alvorligt demokratisk problem.

Endelig er et tredje eksempel Burkarapporten fra Københavns Universitet. Institut for Tværkulturelle og Regionale Studier blev i 2009 bedt af regeringens Burka-udvalg om at undersøge udbredelsen af såkaldt "identitetsslørende religiøs beklædning".

Burka-udvalget blev oprettet efter, at den nyudnævnte konservative integrationsordfører Naser Khader foreslog at forbyde stærkt tildækkende muslimske gevandter i det offentlige rum, fordi han fandt dem kvindeundertrykkende. Eksperterne i Justitsministeriet mente dog, at et forbud kunne være i strid med internationale konventioner og Grundloven, og flere medlemmer af regeringspartiet Venstre var imod. Så gode råd var dyre. Københavns Universitet blev derfor bedt om at lave en vidensudredning for ministeriet, der skulle afdække antallet af burka'er og niqab'er i Danmark. Den pågældende forskningsleder blev citeret for at udtale:

> "Vores rolle som forskere er ikke at levere meninger eller holdninger, men at lave en nøgtern beskrivelse af virkeligheden. Vi har sikret os, at hvad vores forskere skriver ikke bliver ændret på nogen måde, og vi har også været med til at formulere spørgsmålene, der skal undersøges". [Baggersgaard 09].

Da burkarapporten blev offentliggjort i januar 2010, mødte den imidlertid massiv kritik fra flere af Folketingets partier. Af burkarapportens konklusion fremgik, at kun et meget lille antal kvinder i Danmark bærer burka eller en lignende heldækkende niqab. En konklusion, der af blandt andet af Dansk Folkepartis Martin Henriksen blev kaldt for utroværdig og beskyldt for at være det rene gætværk. Pia

Kjærsgaard, satte trumf på og truede med at anmelde KU for videnskabelig uredelighed. Kjærsgaard antastede blandt andet forskernes arbejdsmetoder.

Forskergruppen bag rapporten forsvarede sig mod kritikken. De kunne henvise til, at etablerede videnskabelige metoder var blevet anvendt og at kommissoriet for rapporten var blevet fulgt tilfredsstillende. Flere andre eksperter gav medhold i rapportens pålidelighed, og forskellige videnskabsteoretikere gennemgik ligeledes metodegrundlaget uden kritiske anmærkninger [Riddersborg & Hestbæk 10], [Brix 10]. Enkelte andre eksperter havde kun mindre kritiske kommentarer om generaliserbarheden af resultaterne [Brix 10].

Konklusionen på debatten var dog ikke til at tage fejl af: Forskerne stod tilbage som detroniserede, respekten for kendsgerningerne var beskadiget, videnskaben var blevet beskyldt for uredelighed. Igen var strategien fra politisk hold den samme. I stedet for at gøre opmærksom på grænsedragningen mellem værdifri videnskab og parlamentarisme, blev videnskaben betragtet som politik med andre midler. Dvs. som et blot partsindlæg, diverse politikere med selvforstået ret kunne afvise og nedgøre.

Herved tilsidesætter politikerne den grundlæggende epistemologiske indsigt, at der til viden er knyttet nogle særlige sandhedskriterier, som der ikke er til holdninger og meninger. Sandt og falsk kan ikke afgøres med hverken flertalsafstemning eller demokratiske debatter vedrørende robustheden af forskningsresultater.

Rigsrevisionen og alle de kommissioner, som politikerne nedsætter, skal være demokratiets pejlemærker, og der er ikke råd til, at politikere har lov til at betvivle dem. Det er derfor et afgørende demokratisk problem, når politikerne i samme tempo som disse kommissioner og ekspertpaneler leverer deres resultater, pr. automatik betvivler de fremkomne udsagn. Resultatet er en mistillid eller ignorance, der er farlig for den enkelte borger og måden, hvorpå vi kollektivt, borger og borger imellem, vælger at konfigurere vort samfund og demokrati.

Flere vigtige social-epistemiske normer er allerede institutionaliseret i demokratiets regler om transparens og i den vidtstrakte brug af videnskabelige eksperter i faktuelle spørgsmål. Men denne situation er, som de foregående eksempler viser, særdeles skrøbelig og kræver, at vi vedblivende minder os selv om de grundlæggende normers vigtighed og begrundelse. Det er væsentligt at bemærke, at der ikke her argumenteres for et, med David Estlunds udtryk, "epistokrati", et ekspertvælde, hvor akademikere og ikke politikere skal bestemme. Hvad der imidlertid argumenteres for er kognitiv og normativ arbejdsdeling videnskabsfolk, akademikere, eksperter og politikere imellem.

Hvor man i et despoti risikerer liv og lemmer, hvis man stiller spørgsmålstegn ved regentens legitimitet, får man i et demokrati ikke dødsstraf for at betvivle de institutioner, der skal sikre, regulere og udvikle samfundets struktur. Heldigvis kan man komme med indvendinger både af politisk art og vedrørende kvaliteten af de kendsgerninger, de demokratiske institutioner lægger til grund for deres handlinger.

Men sådanne indvendinger kræver, at man kan fremstille bedre resultater eller objektive kendsgerninger. Derimod er det i modstrid med den demokratiske styreform komfortabelt at henvise til, at kendsgerninger eller de instanser der afklarer dem, blot er politiske aktører eller ligefrem tager fejl på trods af deres sammensætning og tiltænkte videnskabelige upartiskhed.

Ud fra denne betragtning er det pr. automatik at betvivle Ungdomskommissionens rapport, Rigsrevisionens konklusioner og sådan fremdeles, det samme som at udføre epistemisk terrorisme, og epistemisk terrorisme er det samme som at betvivle demokratiet som styreform.

LITTERATUR

[Baggersgaard 09] Baggersgaard, C. (2010). "Islamforskere tæller burkaer for regeringen", *Universitetsavisen* (netudgave), 19. oktober 2009.

[Budtz Pedersen & Hendricks 10] Budtz Pedersen, D. & Hendricks V.F. (2010). "At bevivle demokratiet", *Information*, 23. Januar.

[Budtz Pedersen 10] Budtz Pedersen, D. (2010). Deliberativt demokrati i ekkokammeret, *Tidsskriftet Politik*, DJØFs Forlag: 70-74.

[Brix 10] Brix, S.M. (2010). "Er burkarapport god videnskab?", *Universitetsavisen* (netudgave), 29. januar 2010.

[Hansen & Hendricks 08] Hansen, P.G. & Hendricks, V.F. (2008). "Anerkendelsens økonomi og oplysningens værdi i det offentligt rum", *KRITIK* 190: 41-51.

[Hansen & Hendricks 11] Hansen, P.G. & Hendricks, V.F. (2011). *Det ved jeg ikke: Fra informationssamfund til vidensregimente*. København: Informations Forlag.

[Hendricks 10] Hendricks, V.F. (2010). "Wikipedia og Condorcet", *Ingeniøren*, 1. oktober, 2010: 21.

[Hintikka 09] Hintikka, J. (2007). *Socratic epistemology: explorations of knowledge-seeking by questioning*. New York: Cambridge University Press.

[Kappel 10] Kappel, K. (2010) "Har liberalt demokrati en alliance med videnskab?", *KRITIK* 196: 78-97.

[Kitcher 01] Kitcher, P. (2001). *Science, Truth, and Democracy*. Oxford: Oxford University Press. Oxford Studies in Philosophy of Science.

[Latour & Woolgar 79] Latour, B. & Woolgar, S. (1979). *Laboratory Life: The Construction of Scientific Facts*, London: Sage Library of Social Research, Vol. 80.

[Lykkeberg 09] Lykkeberg, R. (2009). "Bisseskam", *Information*, 2. november 2009.

[Lynch 10] Lynch, M.P. (2011, *forthcoming*) "Democracy as a Space of Reasons." *Truth and Politics*, eds. A. Norris and J. Elkins. Philadelphia: University of Pennsylvania Press).

[Riddersborg & Hestbæk 10] Riddersborg, P & Hestbæk, C. (2010). "Ikke flere burkarapporter", *Universitetsavisen* (netudgave), 15. februar 2010.

[Shapin 95] Shapin, S. (1995). *A Social History of Truth: Civility and Science in Seventeenth-Century England*: Chicago: University Of Chicago Press.

[Sunstein & Vermuele 09] Sunstein, C.R. & Vermeule, A. (2009). "Conspiracy Theories: Causes and Cures", *The Journal of Political Philosophy*, 17:2: 202–227

[Sunstein 09] Sunstein, C.R. (2009). *Going to Extremes: How Like Minds Unite and Divide*. Oxford: Oxford University Press.

[Turner 03] Turner, S. (2003). *Liberal Democracy 3.0: Civil Society in an Age of Experts*. London: Sage Publications

[Tversky & Kahneman 81] Tversky, A. & Kahneman, D. (1981). "The Framing of Decisions and the Psychology of Choice", *Science*, 211: 453-458

[Wivel 11] Wivel, P. (2011). Ungarsk politi undersøger verdensberømt filosof, *Politiken* 24. januar.

31. Sandhed til salg og fald

Sandheds betydning i det post-faktuelle demokrati

David Budtz Pedersen
Pelle G. Hansen
Vincent F. Hendricks

Stella er 14 år og ivrig bruger af de sociale medier, herunder Facebook, Twitter og senest FormSpring: "Stedet, hvor du kan dele dit perspektiv på hvad som helst". I forgangne weekend skrives et anonymt smædeindlæg på FormSpring om en af Stellas klassekammerater, som Stella tilfældigvis ikke kommer nævneværdigt godt ud af det med. Klassekammeraten tror fejlagtigt, at Stella er afsender af det bagtalende indlæg og poster kommentaren "Tak skal du have Stella, vi ses mandag!" Herefter begynder "likes", "smileys" og støttekommentarer til fordel for klassekammeraten om, hvor rædselsfuld Stella er, at strømme ind. Sympatitilkendegivelserne kommer ligeligt fra fjender og frænder af dem begge. Det kommer dertil, at Stella sletter sin profil på FormSpring og beslutter sig for ikke at møde i skole af frygt for yderligere repressalier – selvom hun ingenting har gjort, bemærkes! Men det betyder intet, for skaden er allerede sket. Og der er ingen vinderstrategi for Stella: Møder hun i skole skal hun bedyre sin uskyld over for en usand fortælling, der desværre for længst allerede er etableret i omgangskredsen. Eller hun kan hun blive hjemme og hermed blive bekræftet skyldig af omgangskredsen, for ellers ville hun da være mødt i skole! Either way, Stella is screwed.

Beretningen er sandfærdig, selvom formentlig de færreste involverede aktører, minus Stella, er interesserede i den kendsgerning, at Stella var uskyldig. Og teenagetrakasserier er der ikke meget nyt i heller. Men beretningen peger desværre på to principielt farlige informationsbårne tendenser, der ikke kun er at finde blandt hormonforstyrrede teenagere, men gennemsyrer alt fra vigtige sociale, kulturelle, økonomiske, religiøse beslutningsprocesser til politiske dagsordener. Vi kan kalde de to fænomener for "junkevidens" og "fortællingsetablering". Begge lader de hånt om kendsgerninger og sandheder – og forstyrrer fornuftig overvejelse, beslutning og handling. Bedre bliver det ikke, at tendenserne får gunstigere og gunstigere vilkår i takt med informationsdelings- og sorteringshastigheden konstant forøges på de elektroniske platforme og meget hurtigt slår igennem på blandt andet sociale medier.

I den post-faktuelle æra iscenesætter man sin egen sandhed. Sandheden er ikke længere noget politikere og befolkning forholder sig til, men noget man konstruerer og vinkler ud fra strategiske interesser og politiske motiver. Tendensen til en opløsning af det faktuelle demokrati ses flere steder. Som vi har nævnt, er de sociale medier et eksempel på det drøftende demokratis risikozoner. Debat og drøftelse foregår uden for den almindelige redaktionsproces, kvalitetssikring og interpersonnelle moderation, der i de klassiske medier – som for eksempel her i debatspalterne – har lagt grundstenen for rationel, oplyst og respektfuld kommunikation. Fri tale i alle dens afskygninger må ikke begrænses. Men rationel tale i dens fordringsfulde og respektfulde udgave, der har skabt grundlag for den institutionelle og demokratiske modernitet, vi lever i, kræver kvalificerede påstande og kendsgerninger.

Andre eksempler viser, at problemet desværre er robust. Indflydelsen fra politiske tænketanke og analyseinstitutter har skabt en afmonopolisering af evidens. Eksperter og forskere har ikke længere monopol på sandheden og er ikke nødvendigvis de første man går til, når man vil have afklaring på kendsgerninger i de politiske beslutningsprocesser. Tænketanke kommer tit først på markedet for analyser og udsagn. De tager sig ikke den tid, det kræver at udgive analyser i videnskabelige tidsskrifter eller underkaste sine påstande organiseret kritik fra fagfæller.

Junk-evidens har været et stort og tragisk fænomen i debatten om klimaforandringer. Selvom de fleste i dag accepterer, at klimaet ændrer sig på grund af stigende CO_2-forbrug i den industrialiserede verden, har det taget alt for længe at acceptere denne kendsgerning. I 2008 publicerer det velansete tidsskrift *Environmental Politics* en artikel under overskriften "Organiseret benægtelse: tænketanke og klimaskeptikere". Heri analyserede tre forskere 141 bøger udgivet i årene 1972-2005, der alle gav udtryk for en skepsis omkring klimaforandringernes eksistens, miljøproblemernes karakter, tabet af biodiversitet, luftforening og lignende. Forskerne fandt, at over 92 procent af bøgerne var udgivet af neokonservative tænketanke eller skrevet af forfattere tilknyttet disse tænketanke. Som kontrast udgav den amerikanske forsker Naomi Oreske allerede i 2004 i tidsskriftet *Science* en analyse, der viste, at ud af 928 fagfællebedømte forskningsartikler om klimaforandringer, var der *ingen* der udtrykte uenighed om den kendsgerning, at forbruget af fossile brændstoffer har ført til globale temperaturstigninger.

I Danmark har vi set det post-faktuelle demokrati kigge frem flere gange. Et eksempel var i forbindelse med Ungdomskommissionen, der blev nedsat af VK-regeringen i 2007 med henblik på at foretage en gennemgang af indsatsen mod ungdomskriminalitet. Kommissionen blev sammensat af eksperter og faglige repræsentanter fra organisationer med ekspertise på området (bl.a. Direktoratet for Kriminalforsorgen, Advokatrådet, Rigsadvokaten, Det Kriminalpræventive Råd). Efter to års arbejde offentliggjorde kommissionen en knap 700 siders udredning. Rapporten var saglig og evidensbaseret. Men allerede inden rapporten blev afleveret begyndte forskellige politikere at antaste dens resultater, heriblandt daværende statsminister Lars Løkke Rasmussen. Rapporten kunne ikke fremvise evidens for, at en nedsættelse af den kriminelle lavalder villestyrker indsatsen mod ungdomskriminalitet, modsat af hvad regeringen havde forventet.

Forhenværende justitsminister Brian Mikkelsen nåede frem til den konklusion, at det videnskabeligt korrekte i sig selv var politisk, og, at det politisk rigtige måtte være det folkeligt rigtige: mere straf til flere mennesker. I stedet for at stå ved sine holdninger og sit folkelige mandat valgte Brian Mikkelsen en anden strategi. Han mobiliserede konkurrerende ekspertudsagn, der skulle sætte Ungdomskommissionens anbefalinger i et relativt lys. I oktober 2009 oversendte han et notat til Folketingets Retsudvalg om, at FN anbefalede en sænkning af den kriminelle lavalder. Det er siden dokumenteret, at notatet var vildledende. Det var ikke FN's anbefaling. Tværtimod.

Interesser er selvfølgelig altid til stede. Politikere kan have fuldt ud legitime grunde til at henvise til deres politiske værdier som grundlag for demokratiske beslutninger. Men demokratiet fratages et væsentligt grundlag at drøfte ud fra, hvis kendsgerningerne antastes eller beskyldes for at være politik med andre midler. Dette skal nu forstås rigtigt. Eksperter og forskere hverken kan eller bør træffe beslutning om det rigtige eller forkerte i bestemte demokratiske politikker. Men demokratiske beslutninger bør, hvor det er relevant, være informeret af videnskabelige kendsgerninger. Det er der en særlig grund til. Kun ved at acceptere kendsgerningerne og gøre opmærksom på, hvor kendsgerningernes domæne ophører og det politiske domæne begynder, kan vi kan føre en rationel, oplyst og respektfuld dialog. Hvis ikke, kommer vi i fare for at ofre sandheden på det demokratiske alter.

Alternativet står ikke mellem eksperternes tyranni og fri demokratisk meningsudveksling – men mellem informeret faktuel demokratisk drøftelse og et navigationsløst offentligt rum, hvor de grupper eller organisationer, der har flest ressourcer, kan konstruere deres egne sandheder uden befolkningen har mulighed for at gennemskue, hvad der er rigtigt og forkert. Det fører til dogmatisme, ikke fri demokratisk drøftelse.

Den amerikanske valgkamp forsyner os med flere underholdende men også bekymrende eksempler på det post-faktuelle demokrati. Vicepræsidentkandidat Paul Ryan holdt på republikanernes nylige konvent en tale, der af Fox News blev betegnet som "et verdensrekordforsøg i det største antal direkte løgne og mistolkninger i en enkelt politisk tale". Helt absurd hævdede Ryan i et interview, at han i sin ungdom havde løbet et maraton på "under tre timer – 2:50 eller sådan noget". Da løbekyndige så løbstiderne efter, viste det sig, at Ryans tid var 4 timer og 1 minut. Som Per Meilstrup i MandagMorgen skriver om Ryan har politikere alle dage haft en kreativ omgang med sandheden. Men hidtil har det været god tone i det mindste at have styr på de faktuelle oplysninger. Den tid er forbi. Politik er blevet reduceret til vælgermaksimering – og på vælgermarkedet er det ikke længere sandhedsværdien af saglige argumenter, der tæller, men hvordan sandheden konstrueres og bruges proaktivt og offensivt.

Denne udvikling er ikke nødvendigvis politikernes skyld. Den er snarere et udslag af, at i informationens tidsalder kan politikere, ligesom Stella, ikke længere styre dagsordenen såvel som de informationer, der tilfører den næring. Det samme gælder for de klassiske langsomme medier som aviser og tv, der må kæmpe om opmærksomheden som aldrig før. Presset fra de gratis elektroniske medier tvinger ikke blot journalisterne til at arbejde hurtigere, men også fokusere overlevelseskampen yderligere på det, der sælger – og det i et stigende grad flydende journalistisk arbejdsmiljø, som fører til, at hensynet til professionelle netværk kan tilsidesætte lysten til intern kritik.

Fortvivl ikke. Det demokratiske potentiale i de nye informations-teknologier er principielt uudtømmeligt. Den enkelte borger har muligheden for at ytre og udfordre den etablerede sandhed som aldrig før i menneskets historie. Netop afdækningen af Paul Ryans løgne er et eksempel på et fænomen, der efterhånden er hverdag. Aktive borgere og foreninger benytter disse teknologier til at opgrave informationer, som trækker bukserne af magthaverne. Men informationssamfundets nye teknologier er dog ikke en fotosyntese, der producerer ufiltreret ren viden, som kan tappes direkte fra hanen.

Ud af informationssamfundets nye ursuppe har *fortællingsetablering* nemlig rejst sig som det fyrtårn politikere, spindoktorer, journalister og kommunikationsfolk orienterer sig imod. Den gode fortælling er"viral". Den er selvreproducerende, potentielt gratis og spreder sig igennem youtube-likes, facebook-kommentarer og andre tilsyneladende uskyldige services leveret af sociale medier (ofte med Apple og Androide algorithmer som blinde passagerer). Kan man okestrere fortællingen, kan man orkestrere den offentlige sandhed. Problemet er blot, at hvad der er viralt, er ikke nødvendigvis er sandt, og hvad der er sandt er ikke nødvendigvis viralt.

For den gode fortælling gælder der andre spilleregler. Her er kvantitet ofte mere potent end kvalitet. Har alle andre set Prinsesse Kate's bryster *må* du også bare se dem – og desuden er det ok, når alle andre også gør det … desuden, hvordan skulle du ellers overhovedet kunne udtale dig om sagen, hvis du ikke har set dem! Med andre ord, trives den gode fortælling ufatteligt godt på den laveste fællesnævner, som vel at mærke kan være ekstra lav i en gruppe af højtspecialiserede borgere, som vores samfund generelt udgøres af. Dertil er den gode fortælling konkret, men samtidig uden kontekst. Med andre ord har vi brug for et ansigts som

Dovne Roberts, før arbejdsløshed kan interessere os, samtidig med, at vi dog ikke skal have for meget at vide, da det ville udelukke muligheden for at ventilere vores umiddelbare mening om sagen.

Dertil er den gode fortælling en, der pirrer vores sanser og følelser – noget som i stigende grad er svært på mediefladerne. Vi skal se prinsessens bryster, høre om statsministerindens mand er homoseksuel, og kunne rase over Robert. Er det ikke tilstrækkeligt, leverer fortællingen også en rollebesætning, som kan personliggøre vores følelser, eller som vi kan grine af: en Bertel Haarder, der hopper rundt som en hidsig korkprop på vandet og en JohanneSchmidt-Nielsen, som ulmende rød i ansigtet får den gamle Sømand Preben til at ligne en ren spejderdreng er blot to eksempler på, hvordan man erobrer det politiske rampelys. På de nye teknologiske platforme truer håbet om et potentielt aktivt demokrati med at materialisere sig som reelt og aktivt føleri.

I en desperat reaktion har politikerne i foruroligende grad sat deres lid til spindoktorer og kommunikationsfolk, der skal forsøge at etablere eller erobre fortællinger. De udgør en forlænget arm, der belejligvis også tager skylden, hvis tingene går galt. Som det viste sig fornyligt, kan spindoktorer benytte de gamle informationsplatforme til at grave information op for fordækt at sprede den i systemet. Et eksempel der beviser, at den journalistiske maskine efterhånden er tvunget op i et tempo, som truer med at få det kritiske filter til at ryge af. Der er 2 minutter til en historie. Der *skal* være én for og én imod. Er eksperterne enige, beder vi en politiker eller kommentator om at indtage det ikke-eksisterende standpunkt. Resultatet er, at eksperten politiseres og politikeren eller kommentatoren fremstår som vidende. Grænsen for hvor kendsgerningernes domæne ophører og det politiske domæne udviskes.

I det offentlige rum må vi erkende, at vi er ved at vænne os til den ufiltrerede information. Men tilvændelsen til dårlig information fører ikke nødvendigvis til kritisk refleksion. Immunitet fra udefrakommende information, der ikke bekræfter ens verdensbillede kan ligevel være resultatet – altså ekkokammereffekter. Problemet er dog ikke blot personligt. På de sociale medier og fora er man selv med til at producere og promovere dårlig information. "Liker" du den gode fortælling på

Facebook, blot fordi den er "god", spreder du muligvis junk-evidens til din venner og bekendte. I det store billede kan det have konsekvenser. Som Stella ser vi allerede eksperter, der begynder at slette deres profil fra det offentlige rum. Spørgsmålet er om det samme sker i den politiske verden – fører den politiske scenes nye regler til, at de bedst egnede politikere trækker sig?

Er vi så, med denne analyse – som Rune Lykkeberg peger på i sin nye bog – bare nogle intellektuelle antidemokrater, der helst så den ideologiske kamp erstattet af et oplyst enevælde: At sandheden bør herske over befolkningen? Det er ikke tilfældet. Hvis ikke demokratiet har adgang til pålidelige kilder og respekt for det gyldige argument, kan vi ikke sondre imellem junkevidens og kendsgerninger. Det kræver opmærksom på, hvordan presse og sociale medier kan være med til at forstærke spredningnen af information, der ikke leder til kvalificerede beslutninger, men til forvirring og polarisering, *så der slet ikke er noget demokrati i princip som i praksis.*

Kronik i Politiken, 20. oktober, 2012

Om forfatteren

Vincent F. Hendricks, født 1970, cand. phil. 1993, ph.d. 1997, dr. phil. 2004; frem til 2006, professor i formel filosofi ved Roskilde Universitet; siden 2009 professor i formel filosofi ved Københavns Universitet og modtager af Videnskabsministeriets Eliteforskerpris på 1.000.000 dkr. i 2008 og Roskilde Festivalens Eliteforskerpris samme år.

Hendricks har skrevet en række bøger om erkendelse, logik og videnskabsteori, herunder blandt andet bøgerne *Infostorms: How to take Information Punches and Save Democracy*, sammen med Pelle G. Hansen (New York: Copernicus Books 2013); *Nedtur! Finanskrisen forstået filosofisk*, sammen med Jan Lundorff-Rasmussen (København: Gyldendal Business, 2012); *Oplysningens blinde vinkler,* sammen med Pelle G. Hansen (København: Samfundslitteratur 2011); *Fortsat: Flere klummer og kladder* (Automatic Press / VIP, dk4 forlag, 2011); *Vincent vender virkeligheden* (Automatic Press / VIP, dk4 forlag, 2009); *Mainstream and Formal Epistemology* (New York: Cambridge University Press, 2007); *Tal en tanke: om klarhed og nonsens i tænkning og kommunikation,* sammen med Frederik Stjernfelt (København: Samfundslitteratur, 2007), *Moderne elementær logik,* sammen med Stig Andur Pedersen (København: Forlaget Høst & Søn, 2002, 2011) samt *The Convergence of Scientific Knowledge* (Dordrecht: Springer, 2001). Ud over at være chef-redaktør af tidsskriftet *Synthese,* er han vært og tilrettelægger på dr2's serier *Gal eller genial, Vincent – kort og kompakt, Kontrovers, Faglitteratur på P1* samt på dk4's tv-serier, *Tankens magt, Eliteforskerne* og *Vincent vender virkeligheden*